"十四五"职业教育国家规划教材

职业教育课程改革与创新系列教材

# 电梯安装工艺与实训

## 工 作 页

主 编 冯晓军

班级 ＿＿＿＿＿＿＿＿

姓名 ＿＿＿＿＿＿＿＿

学号 ＿＿＿＿＿＿＿＿

机械工业出版社

# 目　　录

# 学习任务 1.1  电梯安装施工作业方案

| 学校 | | 专业 | |
|------|------|------|------|
| 姓名 | | 学号 | |
| 小组成员 | | 组长姓名 | |

## 一、接受工作任务

1. 工作任务

某工地拟安装 1 台乘客电梯，现将施工任务派发给电梯安装部门，请结合施工情况，合理设置施工方案，制订施工计划。

2. 井道查勘要点

根据电梯施工方案进行检验、查勘作业。

1）施工作业必须符合国家相关法律法规与标准。

2）结合现场实际情况，认真细致制订安装分项示意图。

3）结合安装分项示意图制订安装进度表，进度表需考虑每个项目的流转周期，以及相互间衔接等因素。

4）电梯安装前检验工作中需清楚所检验项目的要求及标准，不得缺项漏项。

5）结合实际情况开展开工告知作业。

3. 电梯信息登记

施工前务必核查确认电梯相关信息，将核查结果登记在电梯安装前检验记录表中。

4. 作业注意事项

1）学生以 3~6 人为一组。

2）实训开始前应做好个人着装准备、场地准备和工具准备。

3）进入施工现场前，应先做好安全检查。

4）认真核对交底文件及随机文件。

5）检验、查勘完成后，填写安装工艺流程表、检验记录表。

6）团队作业应合理分配作业任务。

## 二、信息收集

1. 电梯安装工程的基本概况

建设单位名称、安装地点、安装电梯台数、电梯层站与提升高度、＿＿＿＿＿＿、
＿＿＿＿＿＿、＿＿＿＿＿＿、生产厂家、开工日期、竣工日期、设备和材料供应方式。

2. 施工方法及技术措施

采用＿＿＿＿＿＿＿＿＿施工方法；轿厢在＿＿＿＿＿＿＿＿拼装方法。

对于电梯安装的重要工序，建立质量控制点。如＿＿＿＿＿＿、＿＿＿＿＿＿、
＿＿＿＿＿＿＿＿等，必须进行实际验收合格后，方可进入下道工序。

3. 材料、机具、现场加工件计划

电梯安装主材均由制造厂家随机提供，自备常用材料为_____、_____、润滑脂、火油、_____，_____、水泥、氧气、乙炔及焊条等。现场加工件是指现场勘后，发现由土建尺寸缺陷而采取的补救技术措施，一般有_____、_____、_____等，也有因设备运输、吊装损坏需制作的部件，还包括安装过程中临时设施中采用的构件。

4. 施工方案的制订与批准

1）施工方案的制订。一般由_____组织项目_____编写，责任工程师审核。

2）施工方案的批准。由_____批准。

5. 电梯安装施工工艺流程：填写空白处的单台电梯安装工艺流程图。

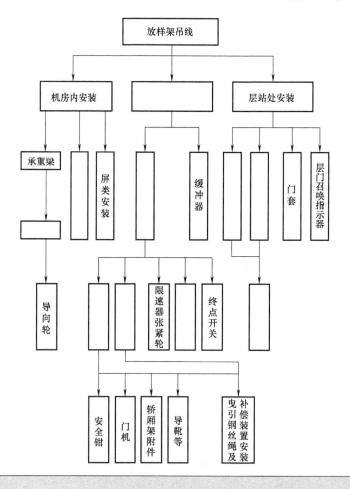

## 三、制订计划

根据电梯施工方案作业任务，合理做好人员分工，记录人员分工情况，记录好后按照各自分工实施电梯安装前检验作业。

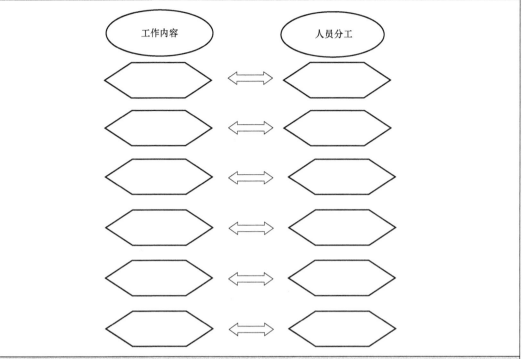

## 四、计划实施

模拟实施安装施工方案：

步骤一：实施合同的签订任务。

步骤二：根据电梯安装实际，制订电梯安装工艺流程图，填写表 1-1。

步骤三：结合电梯安装工艺流程图，编制表 1-2。

步骤四：结合电梯安装施工进度计划表，填写表 1-3。

表 1-1  电梯安装工艺流程记录表

| 作业人员 | | 记录人 | |
|---|---|---|---|
| 作业小组名称： | | | |
| 电梯安装工艺流程 | | | |
| 备注 | | | |

## 表 1-2 电梯安装施工进度计划表

| 序号 | 工作项目 | 分项 | 共__周,共__天 | | | | | | | | | | | | | | | | | | | | | |
|---|---|---|---|---|---|---|---|---|---|---|---|---|---|---|---|---|---|---|---|---|---|---|---|---|---|
| | | | 第一周 | | | 第二周 | | | 第三周 | | | 第四周 | | | 第五周 | | | 第六周 | | | | | | | |
| 1 | 查验土建及脚手架 | 计划 | | | | | | | | | | | | | | | | | | | | | | | |
| 2 | 开箱检查及分派零件 | 计划 | | | | | | | | | | | | | | | | | | | | | | | |
| 3 | 安装样板架及挂基准线 | 计划 | | | | | | | | | | | | | | | | | | | | | | | |
| 4 | 安装导轨架及导轨 | 计划 | | | | | | | | | | | | | | | | | | | | | | | |
| 5 | 安装机房机械设备 | 计划 | | | | | | | | | | | | | | | | | | | | | | | |
| 6 | 安装对重 | 计划 | | | | | | | | | | | | | | | | | | | | | | | |
| 7 | 安装轿厢 | 计划 | | | | | | | | | | | | | | | | | | | | | | | |
| 8 | 安装层门 | 计划 | | | | | | | | | | | | | | | | | | | | | | | |
| 9 | 安装井道机械设备 | 计划 | | | | | | | | | | | | | | | | | | | | | | | |
| 10 | 安装钢丝绳 | 计划 | | | | | | | | | | | | | | | | | | | | | | | |
| 11 | 安装电气装置 | 计划 | | | | | | | | | | | | | | | | | | | | | | | |
| 12 | 拆井道脚手架 | 计划 | | | | | | | | | | | | | | | | | | | | | | | |
| 13 | 整机调试 | 计划 | | | | | | | | | | | | | | | | | | | | | | | |
| 14 | 试运行 | 计划 | | | | | | | | | | | | | | | | | | | | | | | |
| 15 | 整机自检 | 计划 | | | | | | | | | | | | | | | | | | | | | | | |
| 16 | 监督检验 | 计划 | | | | | | | | | | | | | | | | | | | | | | | |
| 17 | 竣工移交 | 计划 | | | | | | | | | | | | | | | | | | | | | | | |
| 备注 | | | | | | | | | | | | | | | | | | | | | | | | | |
| 审核人 | | | | | | | | 审核日期 | | | | | | | | | | | | | | | | | |

注:
1) 施工开始时间以到货后安装时间为准。
2) 到货以上工期仅为施工有效工期,如遇工地停电、停水、土建等相关因素造成工地停工,工期顺延。
3) 请在计划施工日的表格中做相应标记,全天打"√",半天打"半"。

## 表 1-3  电梯安装前检验记录表

### 开 箱 检 查 记 录

| 检验员 | | 检验日期 | |
|---|---|---|---|

经检查:(文字说明部分)

| 1. 是否有装箱清单 | □全部有 □部分有 □没有 |
|---|---|
| 2. 装箱清单与实物是否相符 | □符合 □部分符合 □不符合 |
| 3. 是否有损坏件 | □有 □没有 |

清点记录:
1. 清单与实物完全相符　　□
2. 清单与实物不相符　　□　原因:_____

### 资 料 检 查 记 录

| 检验员 | | 检验日期 | |
|---|---|---|---|

| 序号 | 检查内容 | | | | 检查结果 |
|---|---|---|---|---|---|
| 1 | 装箱清单 | | | | |
| 2 | 产品合格证 | 出厂编号 | | 出厂日期 | |
| 3 | 井道布置图 | | | | |
| 4 | 安装使用维护说明书 | | | | |
| 5 | 动力电路和安全电路电气原理图、元件代号说明 | | | | |
| 6 | 电气敷设图和部件安装图 | | | | |
| 7 | 整机产品型式试验合格证(复印件) | | | | |
| 8 | 门锁装置型式试验报告 | | | | |
| 9 | 限速器型式试验报告 | | | | |
| 10 | 安全钳型式试验报告 | | | | |
| 11 | 缓冲器型式试验报告 | | | | |
| 12 | 含有电子元件的安全电路型式试验报告 | | | | |
| 13 | 轿厢上行超速保护型式试验报告 | | | | |
| 14 | □限速器调试副本或合格证 | | | | |
| | □渐进式安全钳调试副本或合格证 | | | | |
| | □上行超速保护装置调试副本或合格证 | | | | |
| 15 | 电梯安装过程中事故记录和处理报告 | | | | |
| 16 | 电梯使用单位提出制造单位同意的变更设计证明文件 | | | | |
| 17 | 改造或大修部分清单 | | | | |
| 18 | 主要部件合格证:□曳引机　□电动机　□控制柜　□其他 | | | | |
| 19 | 安全操作规程 | | | | |
| 20 | 维修保养制度 | | | | |
| 21 | 岗位责任制及交接班制度 | | | | |
| 22 | 操作证管理及培训制度 | | | | |
| 23 | 电梯钥匙使用保管制度 | | | | |

| 使用单位意见: | 安装单位意见: |
|---|---|
| 日期: | 日期: |

## 1. 自我评价（40分）

首先由学生根据学习任务完成情况进行自我评价，见表1-4。

**表1-4 自我评价表**

| 项目内容 | 配分 | 评 分 标 准 | 扣分 | 得分 |
|---|---|---|---|---|
| 1. 工作纪律 | 10 | 1. 不遵守工作纪律要求(扣2分/次)<br>2. 有其他违反工作纪律的行为(扣2分/次) | | |
| 2. 信息收集 | 20 | 1. 利用网络资源、工艺手册等查找有效信息(5分)<br>2. 未填写信息收集记录(扣2分/空，扣完为止) | | |
| 3. 制订计划 | 20 | 1. 人员分工有实效(5分)<br>2. 未按作业项目进行人员分工(扣2分/项，扣完为止) | | |
| 4. 计划实施 | 40 | 1. 按步骤实施作业项目(5分/项)<br>2. 按要求填写安装工艺流程表(10分)<br>3. 按要求填写施工进度表(10分)<br>4. 按要求填写安装前检验记录表(10分)<br>5. 表格错填、漏填(扣2分/空，扣完为止) | | |
| 5. 职业规范和环境保护 | 10 | 1. 在工作过程中工具和器材摆放凌乱(扣3分/次)<br>2. 不爱护设备、工具，不节省材料(扣3分/次)<br>3. 在工作完成后不清理现场，在工作中产生的废弃物不按规定处置(扣2分/次)，将废弃物遗弃在工作现场的可扣3分/次) | | |
| | | 总评分＝(1~5项总分)×40% | | |

签名：_____  _____年___月___日

## 2. 小组评价（30分）

再由同一实训小组的同学结合自评的情况进行互评，将评分值记录于表1-5中。

**表1-5 小组评价表**

| 项目内容 | 配分 | 评分 |
|---|---|---|
| 1. 工序记录与自我评价情况 | 10分 | |
| 2. 小组讨论中能积极发言 | 10分 | |
| 3. 口述电梯安装工艺流程 | 10分 | |
| 4. 小组成员填写完成作业记录表 | 10分 | |
| 5. 较好地与小组成员沟通 | 10分 | |
| 6. 完成操作任务 | 10分 | |
| 7. 遵守课堂纪律 | 10分 | |
| 8. 安全意识与规范意识 | 10分 | |
| 9. 相互帮助与协作能力 | 10分 | |
| 10. 安全、质量意识与责任心 | 10分 | |
| 总评分＝(1~10项总分)×30% | | |

参加评价人员签名：_____  _____年___月___日

### 3. 教师评价（30分）

最后，由指导教师检查本组作业结果，结合自评与互评的结果进行综合评价，对实训过程出现的问题提出改进措施及建议，并将评价意见与评分值记录于表1-6中。

表 1-6  教师评价表

| 序号 | 评 价 标 准 | 评价结果 |
|---|---|---|
| 1 | 相关物品及资料交接齐全无误(5分) | |
| 2 | 安全、规范完成维护保养工作(5分) | |
| 3 | 根据所提供材料进行检查(5分) | |
| 4 | 团队分工明确、协作力强(5分) | |
| 5 | 施工方案准备细致、无遗漏(5分) | |
| 6 | 完成并在记录单签字(5分) | |
| 综合评价 | 教师评分 | |
| 综合评语<br>(作业问题及改进建议) | | |

教师签名：＿＿＿＿＿＿  ＿＿＿＿＿年＿＿月＿＿日

| 六、评价反馈 | 总得分： | （总评分＝自我评分+小组评分+教师评分） |
|---|---|---|

请根据自己在课堂中的实际表现进行自我反思和自我评价。

自我反思：＿＿＿＿＿＿＿＿＿＿＿＿＿＿＿＿＿＿＿＿＿＿＿＿＿＿＿＿＿
＿＿＿＿＿＿＿＿＿＿＿＿＿＿＿＿＿＿＿＿＿＿＿＿＿＿＿＿＿＿＿＿＿＿＿
＿＿＿＿＿＿＿＿＿＿＿＿＿＿＿＿＿＿＿＿＿＿＿＿＿＿＿＿＿＿＿＿＿＿。

自我评价：＿＿＿＿＿＿＿＿＿＿＿＿＿＿＿＿＿＿＿＿＿＿＿＿＿＿＿＿＿
＿＿＿＿＿＿＿＿＿＿＿＿＿＿＿＿＿＿＿＿＿＿＿＿＿＿＿＿＿＿＿＿＿＿＿
＿＿＿＿＿＿＿＿＿＿＿＿＿＿＿＿＿＿＿＿＿＿＿＿＿＿＿＿＿＿＿＿＿＿。

# 学习任务 1.2　电梯安装现场机房查勘

| 学校 | | 专业 | |
|---|---|---|---|
| 姓名 | | 学号 | |
| 小组成员 | | 组长姓名 | |

## 一、接受工作任务

1. 工作任务

某工地拟安装 1 台乘客电梯，现已完成任务实施的前期准备工作，请结合施工情况，检查接收现场，开展机房查勘工作。

2. 井道查勘要点

根据电梯机房布局图进行现场核对、实测。

1）机房必须具备的最小面积，该尺寸与其他设备的排列、布置有关。

2）机房的最低高度、吊钩的预埋位置和载荷量与曳引机安装位置有关。

3）机房的门宽不小于 1m，便于设备进入机房。

4）机房内应通风良好，并有足够的照明。

5）机房电源一般设在入口处。

3. 机房查勘信息登记

实施机房土建查勘任务，查勘过程中，务必核查确认施工现场相关信息，将查勘结果登记在电梯机房土建检查记录表中。

4. 作业注意事项

1）学生以 3~6 人为一组。

2）实训开始前应做好个人着装准备、场地准备和工具准备。

3）进入施工现场前，应先做好安全检查。

4）认真查勘机房项目，不得遗漏。

5）团队作业应合理分配作业任务。

## 二、信息收集

1. 机房用途

电梯驱动主机及其附属设备应设置在专用房间内，只有_____才可以进入。机房内不得使用除电梯以外的设备，也不可设置非电梯用的线槽、电缆等。机房内可放置空调设备、_____、_____。

2. 机房尺寸

机房应有足够的空间，以允许人员安全、方便地对相关设备进行操作。工作区域的净高度应_____，地面高度不一相差_____时，应设置楼梯或台阶，并设置防护栏。通道门宽度_____，高度_____，且门不得向房内开启，机房的门宽_____，便于设备进入机房。通往机房的通道宽度不得低于 1m。机房必须具备的最小面积与其他设备的排列、布置有关。

3. 机房照明和供电

机房电源一般设在_____，机房内应通风良好并应设置永久性的电气照明，

8

地面上的照度不应该小于＿＿＿＿＿＿lx。机房内靠近入口处应设置开关控制照明。机房内提供电梯电源开关装置，设置的位置必须是在机房内显眼的位置，且能从机房入口处方便迅速地切断电源，高度距离地面为1.3~1.5m。

4. 机房内搬运设施

在机房的顶板或横梁处，应装设一个或多个具有＿＿＿＿＿＿＿＿＿＿＿＿的金属支架或吊钩。电梯驱动主机选装部件上方应有不小于＿＿＿＿＿＿的垂直净空。机房的最低高度、吊钩的预埋位置和载荷量与＿＿＿＿＿＿＿＿＿＿＿＿有关。

## 三、制订计划

根据电梯机房查勘作业任务，合理做好人员分工，记录人员分工情况，记录好后按照各自分工实施机房查勘作业。

## 四、计划实施

步骤一：参照制订的小组分工作业计划，模拟实施机房查勘作业，并填写电梯机房查勘情况记录表，见表1-7。

表1-7 电梯机房查勘情况记录表

| 组长 | | 记录员 | |
|---|---|---|---|
| 安监员 | | 展示员 | |
| 检验内容 | | 检查结果 | |
| 机房尺寸 | | □合格 | □不合格 |
| 工作区域的净高 | | □合格 | □不合格 |
| 紧急作业区域面积 | | □合格 | □不合格 |
| 机房通道门 | | □合格 | □不合格 |
| 机房地板开孔尺寸 | | □合格 | □不合格 |
| 地面照度 | | □合格 | □不合格 |

步骤二：根据查勘情况填写电梯机房土建检查记录表，见表1-8。

表1-8 电梯机房土建检查记录表

| 查勘员 | | 查勘日期 | | |
|---|---|---|---|---|
| 主机承重梁 | 埋深 | | | mm |
| | 墙厚 | | | mm |
| 机房尺寸 | 宽度 | m | □合格 □不合格 | |
| | 深度 | m | | |
| | 高度 | m | | |
| 机房门 | 宽度 | m | □合格 □不合格 | |
| | 高度 | m | □合格 □不合格 | |
| 净通道尺寸 | 长度×宽度 | | □合格 □不合格 | |
| 预埋支架 | □有 | □没有 | □合格 | □不合格 |
| 穿墙螺栓 | □有 | □没有 | □合格 | □不合格 |
| 预留电源 | □有 | □没有 | □合格 | □不合格 |
| 机房照明 | □有 | □没有 | □合格 | □不合格 |
| 机房插座 | □有 | □没有 | □合格 | □不合格 |
| 机房通道门 | □有 | □没有 | □合格 | □不合格 |
| 机房楼板开孔 | □有 | □没有 | □合格 | □不合格 |
| 仓储房间 | □有 | □没有 | □合格 | □不合格 |
| 通风装置 | □有 | □没有 | □合格 | □不合格 |
| 机房的结构应能承受预定的载荷和力 | | | □合格 | □不合格 |
| 机房的平面及高度等尺寸应能满足电梯安装后作业人员安全操作空间的要求 | | | □合格 | □不合格 |
| 通往机房或者机器设备间的通道不应当高出楼梯 | | | □合格 | □不合格 |
| 机房通道畅通,设置合理 | | | □合格 | □不合格 |
| 使用单位意见：<br><br>日期： | | 安装单位意见：<br><br>日期： | | |

### 1. 自我评价 (40分)

首先由学生根据任务工作完成情况进行自我评价,见表1-9。

**表1-9　自我评价表**

| 项目内容 | 配分 | 评　分　标　准 | 扣分 | 得分 |
|---|---|---|---|---|
| 1. 工作纪律 | 10 | 1. 不遵守工作纪律要求(扣2分/次)<br>2. 有其他违反工作纪律的行为(扣2分/次) | | |
| 2. 信息收集 | 20 | 1. 利用网络资源、工艺手册等查找有效信息(5分)<br>2. 未填写信息收集记录(扣2分/空,扣完为止) | | |
| 3. 制订计划 | 20 | 1. 人员分工有实效(5分)<br>2. 未按作业项目进行人员分工(扣2分/项,扣完为止) | | |
| 4. 计划实施 | 40 | 1. 按步骤实施作业项目(5分/项)<br>2. 按要求填写机房查勘情况记录表(10分)<br>3. 按要求填写机房土建检查记录表(10分)<br>4. 表格错填、漏填(扣2分/空,扣完为止) | | |
| 5. 职业规范和环境保护 | 10 | 1. 在工作过程中工具和器材摆放凌乱(扣3分/次)<br>2. 不爱护设备、工具,不节省材料(扣3分/次)<br>3. 在工作完成后不清理现场,在工作中产生的废弃物不按规定处置(扣2分/次),将废弃物遗弃在工作现场的可扣3分/次 | | |
| | | 总评分＝(1~5项总分)×40% | | |

签名: _____　_____ 年____月____日

### 2. 小组评价 (30分)

再由同一实训小组的同学结合自评的情况进行互评,将评分值记录于表1-10中。

**表1-10　小组评价表**

| 项目内容 | 配分 | 评分 |
|---|---|---|
| 1. 工序记录与自我评价情况 | 10分 | |
| 2. 小组讨论中能积极发言 | 10分 | |
| 3. 小组完成查勘与测量作业 | 10分 | |
| 4. 小组成员认真填写查勘、测量记录表 | 10分 | |
| 5. 较好地与小组成员沟通 | 10分 | |
| 6. 完成操作任务 | 10分 | |
| 7. 遵守工作纪律 | 10分 | |
| 8. 安全意识与规范意识 | 10分 | |
| 9. 相互帮助与协作能力 | 10分 | |
| 10. 安全、质量意识与责任心 | 10分 | |
| 总评分＝(1~10项总分)×30% | | |

参加评价人员签名: _____　_____ 年____月____日

### 3. 教师评价 (30分)

最后,由指导教师检查本组作业结果,结合自评与互评的结果进行综合评价,对实训过程出现的问题提出改进措施及建议,并将评价意见与评分值记录于表1-11中。

## 表 1-11 教师评价表

| 序号 | 评价标准 | 评价结果 |
|---|---|---|
| 1 | 相关物品及资料交接齐全无误(5分) | |
| 2 | 安全、规范地完成维护保养工作(5分) | |
| 3 | 查勘记录填写正确、无遗漏(5分) | |
| 4 | 团队分工明确、协作力强(5分) | |
| 5 | 查勘作业细致、无遗漏(5分) | |
| 6 | 完成并在记录单签字(5分) | |
| 综合评价 | 教师评分 | |
| 综合评语<br>(作业问题及改进建议) | | |

教师签名：_____    _____ 年___月___日

---

| 六、评价反馈 | 总得分： | （总评分＝自我评分+小组评分+教师评分） |
|---|---|---|

　　请根据自己在课堂中的实际表现进行自我反思和自我评价。

自我反思：_____

_____

_____。

自我评价：_____

_____

_____。

# 学习任务1.3 电梯安装现场井道查勘

| 学校 | | 专业 | |
|------|---|------|---|
| 姓名 | | 学号 | |
| 小组成员 | | 组长姓名 | |

## 一、接受工作任务

1. 工作任务

某工地拟安装1台乘客电梯，现已完成任务实施的前期准备工作，请结合施工情况，检查接收现场，开展井道查勘工作。

2. 井道查勘要点

根据电梯井道图进行现场核对、实测。

1）实测井道的平面尺寸（即深与宽），该尺寸与图样对照偏大可以补救，严禁偏小。井道顶层的高度、底坑的深度、牛腿的尺寸、门洞宽度等都需一一核对。

2）了解井道的结构，是混凝土还是砖砌。

3）观察预埋件或预留孔是否符合要求，为安装支架提供合理依据。

4）测量电梯各层门前的地坪标高、墙体装饰层厚度（如粉刷层、大理石）。

5）了解土建结构。对于尺寸不符合安装要求的地方，要及时修正。如土建上已成定局，且不宜修正的地方，在安装前要采取相应的补救措施，确保电梯安装符合技术要求和验收规范。

3. 井道查勘信息登记

井道土建查勘务必核查确认施工现场的相关信息，将查勘结果登记在电梯井道查勘质量检查记录表中。

4. 作业注意事项

1）学生以3~6人为一组。

2）实训开始前应做好个人着装准备、场地准备和工具准备。

3）进入施工现场前，应先做好安全检查。

4）认真查勘井道项目，不得遗漏。

5）团队作业应合理分配作业任务。

## 二、信息收集

1. 电梯井道应为电梯专用，井道内_____。

2. 电梯井道通过_____、_____和_____与周围分开，确保电梯运行有足够的空间。

3. 在全封闭井道的建筑物中，为了防止火焰蔓延，该井道应由_____、_____完全封闭起来。

4. 在不要求井道在火灾情况下用于防止火焰蔓延的场合，井道不需要全封闭时，要为正常接近电梯的人员，提供足以防止遭受电梯运动部件危害的_____，围壁高度应防止直接或间接用手持物体触及井道中电梯设备而干扰电梯的运行安全。

5. 在层门侧的围壁高度＿＿＿＿＿＿。

6. 当围壁与电梯运动部件的水平距离为最小允许值0.50m时，高度应＿＿＿＿＿＿；若该水平距离大于0.50m时，高度可随着距离的增加而＿＿＿＿。

7. 检修门的高度不得小于＿＿＿，宽度不得小于＿＿＿＿。井道安全门的高度不得小于＿＿＿，宽度不得小于＿＿＿。检修活板门的高度不得小于＿＿＿，宽度不得小于＿＿＿＿。当相邻两层门地坎间的距离大于11m时，其间应设置＿＿＿＿＿，以确保相邻地坎间的距离不大于11m。

8. 井道应适当通风，井道不能用于非电梯用房的通风。建议井道顶部的通风口面积至少为井道截面积的＿＿＿。

9. 井道结构应符合国家建筑规范的要求，并应至少能承受如下几项载荷：＿＿＿＿＿＿＿、轿厢偏载情况下＿＿＿＿＿＿瞬间经导轨施加的载荷、＿＿＿＿＿＿动作产生的载荷、由防跳装置作用的载荷，以及＿＿＿＿＿＿＿所产生的载荷等。

10. 为保证电梯的安全运行，井道壁应具有足够的机械强度，即用一个＿＿＿＿＿的力，均匀分布在＿＿＿＿的圆形或方形面积上，垂直作用在井道壁的任一点上，应＿＿＿，弹性变形＿＿＿＿＿。

11. 轿厢缓冲器支座下的底坑地面应能承受满载轿厢＿＿＿＿＿的作用力。

12. 对重缓冲器支座下的底坑地面应能承受对重＿＿＿＿＿的作用力。

## 三、制订计划

根据电梯井道查勘实际作业任务，合理做好人员分工，并实施好井道查勘内容与步骤。

## 四、计划实施

步骤一：机房查勘作业要点。

步骤二：参照制订的小组作业计划，实施井道查勘作业，并填写电梯井道查勘情况记录表，见表1-12。

表1-12 电梯井道查勘情况记录表

| 组长 | | 记录员 | |
|---|---|---|---|
| 安监员 | | 展示员 | |
| 检验内容 | | | |
| 井道情况 | | □合格 | □不合格 |
| 井道尺寸 | | □合格 | □不合格 |
| 检修门基本尺寸 | | □合格 | □不合格 |
| 井道通风面积 | | □合格 | □不合格 |
| 井道壁强度 | | □合格 | □不合格 |
| 底坑地面强度 | | □合格 | □不合格 |

步骤三：填写电梯井道查勘质量检查记录表，见表1-13。

表 1-13　电梯井道查勘质量检查记录表

| 内容 | 序号 | 检查项目 | 实际情况说明 | 是否存在整改 | 整改完成时间 |
|---|---|---|---|---|---|
| 井道查勘 | 1 | 机房是否成形（长、宽、高） | | 是□　否□ | |
| | 2 | 机房预留孔、水泥墩子、机房吊钩及位置 | | 是□　否□ | |
| | 3 | 井道总高 | | 是□　否□ | |
| | 4 | 顶层高度 | | 是□　否□ | |
| | 5 | 井道深 | | 是□　否□ | |
| | 6 | 井道宽 | | 是□　否□ | |
| | 7 | 门洞高 | 门口高度为装饰前高度 | 是□　否□ | |
| | 8 | 门洞宽 | | 是□　否□ | |
| | 9 | 层显、按钮预留孔 | | 是□　否□ | |
| | 10 | 圈梁平面尺寸、间距 | | 是□　否□ | |
| | 11 | 是否有牛腿 | | 是□　否□ | |
| | 12 | 底坑深度 | 积水无法测量 | 是□　否□ | |

| 存在关键问题及需营销重点协调的事： | 是否需要更改土建图　是□　否□ |
|---|---|
| 勘察人员承诺：本勘察纪录按实测填写！<br><br>现场勘察人签名： | 用户或建设单位负责人意见：是否同意与井道土建相关的部件排产？<br><br><br>确认签名： |

## 五、质量检查

### 1. 自我评价（40分）

首先由学生根据学习任务完成情况进行自我评价，见表1-14。

表 1-14　自我评价表

| 项目内容 | 配分 | 评分标准 | 扣分 | 得分 |
|---|---|---|---|---|
| 1. 工作纪律 | 10 | 1. 不遵守工作纪律要求（扣2分/次）<br>2. 有其他违反工作纪律的行为（扣2分/次） | | |
| 2. 信息收集 | 20 | 1. 利用网络资源、工艺手册等查找有效信息（5分）<br>2. 未填写信息收集记录（扣2分/空,扣完为止） | | |
| 3. 制订计划 | 20 | 1. 人员分工有实效（5分）<br>2. 未按作业项目进行人员分工（扣2分/项,扣完为止） | | |
| 4. 计划实施 | 40 | 1. 按步骤实施作业项目（5分/项）<br>2. 按要求填写电梯井道查勘情况记录表（10分）<br>3. 按要求填写电梯井道查勘质量检查记录表（10分）<br>4. 表格错填、漏填（扣2分/空,扣完为止） | | |
| 5. 职业规范和环境保护 | 10 | 1. 在工作过程中工具和器材摆放凌乱（扣3分/次）<br>2. 不爱护设备、工具,不节省材料（扣3分/次）<br>3. 在工作完成后不清理现场,在工作中产生的废弃物不按规定处置（扣2分/次）,将废弃物遗弃在工作现场的可扣3分/次） | | |
| | | 总评分 =（1～5项总分）×40% | | |

签名：_____　_____年____月____日

### 2. 小组评价（30分）

再由同一实训小组的同学结合自评的情况进行互评，将评分值记录于表 1-15 中。

表 1-15　小组评价表

| 项目内容 | 配分 | 评分 |
|---|---|---|
| 1. 工序记录与自我评价情况 | 10分 | |
| 2. 小组讨论中能积极发言 | 10分 | |
| 3. 小组完成查勘与测量作业 | 10分 | |
| 4. 小组成员认真填写查勘、测量记录表 | 10分 | |
| 5. 较好地与小组成员沟通 | 10分 | |
| 6. 完成操作任务 | 10分 | |
| 7. 遵守工作纪律 | 10分 | |
| 8. 安全意识与规范意识 | 10分 | |
| 9. 相互帮助与协作能力 | 10分 | |
| 10. 安全、质量意识与责任心 | 10分 | |
| | 总评分＝（1～10 项总分）×30% | |

**参加评价人员签名：**_____　_____年____月____日

### 3. 教师评价（30分）

最后，由指导教师检查本组作业结果，结合自评与互评的结果进行综合评价，对实训过程出现的问题提出改进措施及建议。并将评价意见与评分值记录于表 1-16 中。

表 1-16　教师评价表

| 序号 | 评价标准 | 评价结果 |
|---|---|---|
| 1 | 相关物品及资料交接齐全无误（5分） | |
| 2 | 安全、规范完成维护保养工作（5分） | |
| 3 | 查勘记录填写正确、无遗漏（5分） | |
| 4 | 团队分工明确、协作力强（5分） | |
| 5 | 查勘作业细致、无遗漏（5分） | |
| 6 | 完成并在记录单签字（5分） | |
| 综合评价 | 教师评分 | |
| 综合评语<br>（作业问题及改进建议） | | |

**教师签名：**_____　_____年____月____日

| 六、评价反馈 | **总得分：** | （总评分＝自我评分＋小组评分＋教师评分） |
|---|---|---|

请根据自己在课堂中的实际表现进行自我反思和自我评价。

自我反思：_____

_____

_____。

自我评价：_____

_____

_____。

# 学习任务 2.1　样板架制作与放样

| 学校 | | 专业 | |
|------|---|------|---|
| 姓名 | | 学号 | |
| 小组成员 | | 组长姓名 | |

## 一、接受工作任务

### 1. 工作任务

某工地拟安装 1 台乘客电梯，现已完成任务安装前的各项准备工作，请结合施工情况，安装小组根据安装手册，开展样板架制作与放样作业。

### 2. 样板架制作与放线要点

根据电梯井道图进行放样，井道布置图如下图所示。

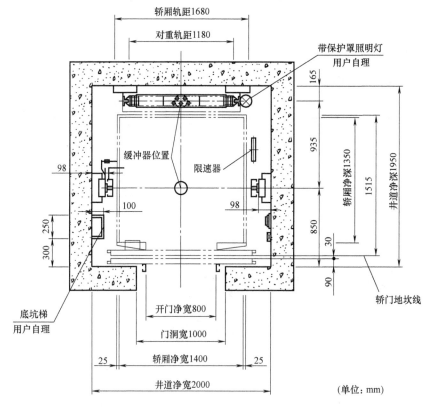

（单位：mm）

（1）制作样板架

1）标出各样板架中心线位置点。

2）复查各样板放样尺寸。

（2）放线

1）根据各放样点，明确样线测量要求。

2）放样作业前，熟悉各放样点放线要求。

3）熟练掌握各放样点放线过程。

4）放样完成后，检查样线挂放情况，若有误差及时修正。

3. 电梯安装放线记录表

电梯样板制作与放线，按施工图样要求实施放线作业，放线后需核查放线尺寸是否满足安装施工要求，同时填写电梯安装放线质量检查记录表。

4. 作业注意事项

1）学生以 3~6 人为一组。

2）实训开始前应做好个人着装准备、场地准备和工具准备。

3）进入施工现场前，应先做好安全检查。

4）认真实施电梯安装放线作业，不得遗漏。

5）团队作业应合理分配作业任务。

## 二、信息收集

1. 样板架的类型根据结构可分为_____和_____，其中结构整体式样板架结构严谨、扎实，不易整体变形。局部式样板架制作简单，但稍受力，极易损坏。

2. 样板架按对重位置分为_____和_____两种。样板按井道位置分为上样板和_____。

3. 标识下图中各点含义：

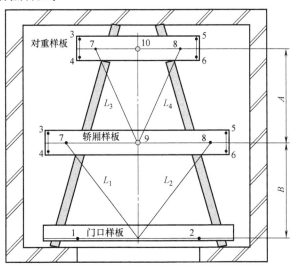

1）A—_____。

2）_____—轿厢门地坎与轿厢导轨中心距。

3）_____—门口样线落线点。

4）3、4、5、6—_____。

5）_____—导轨校正落线点。

6）9—_____。

7）_____—对重曳引点。

8）$L_1 \sim L_4$—_____。

17

4. 标识下图中各点含义：

1) _____—轿厢导轨与对重导轨中心距。

2) B—_____。

3) _____—对重样板放置定位距。

4) 1、2—_____。

5) _____—导轨支架安装位置落线点。

6) 7、8—_____。

7) _____—轿厢曳引点。

8) 10—_____。

9) 11—_____。

10) _____—样板放置测量线段。

5. 样线是井道装置安装基准线，在放置样板时，应先放置门样板。实际上，当门样板放置定位好后，整个样板架的位置已唯一确定，所以样板放置顺序为：_____—放置轿厢样板—_____。

6. 放置样板的要求：

1) 首先确定门_____与门_____的位置。

2) 确定轿厢_____与_____一致。

3) 确定对重_____中心线与门中心线一致。

4) 各样板要水平、相互平行，间距符合井道图尺寸要求，保证尺寸_____、$L_3 = L_4$。

7. 定位放样点

放样作业中的上样板定位要点：

1) 按测量数据确定_____并固定。

2) 按_____确定主导轨样板位置并固定。

3) 按图样尺寸确定_____样板位置并固定。

4) 偏差值≤_____。

5) 水平度≤_____。

## 三、制订计划

根据电梯安装放样作业任务，合理做好人员分工，并实施好电梯安装放样内容与步骤。

步骤一：制作样板架作业。

步骤二：放线作业。

步骤三：参照制订的小组作业计划，实施井道放样作业，并填写电梯井道放样情况记录表，见表 2-1。

表 2-1　电梯井道放样情况记录表

| 组长 | | 记录员 | | |
|---|---|---|---|---|
| 安监员 | | 展示员 | | |
| 实施内容 | | | | |
| 放置门样板，调整水平，并符合尺寸要求 | | | □合格 | □不合格 |
| 放置轿厢样板，轿厢样板中心线与门样板中心线一致，调整水平，且与门样板平行 | | | □合格 | □不合格 |
| 放置对重样板，对重样板中心线与门样板中心线一致，调整水平，且与门样板平行 | | | □合格 | □不合格 |
| 复核门样线中心点与轿厢导轨放线点、轿厢中心线与对重导轨放线点距离是否相等 | | | □合格 | □不合格 |
| 厅门地坎与轿厢导轨中心距 790mm | | | □合格 | □不合格 |
| 轿厢导轨与对重导轨中心距 935mm | | | □合格 | □不合格 |
| 预固定样板 | | | □合格 | □不合格 |

步骤四：填写电梯安装放线质量检查记录表，见表 2-2。

表 2-2　电梯安装放线质量检查记录表

| 作业人员 | | 施工编号 | |
|---|---|---|---|
| 项目名称 | | 施工时间 | |

放样作业示意图

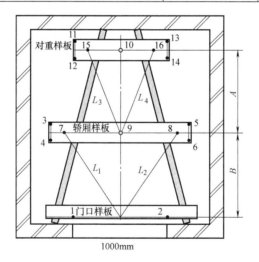

1000mm

1）根据上图实施放线作业。

2）放线尺寸需满足井道布置图的要求。

3）放线完成后测量尺寸，并填写下表（单位：mm）。

| 符号 | 位置名称 | 尺寸 | 符号 | 位置名称 | 尺寸 |
|---|---|---|---|---|---|
| | 门洞宽 | | | 轿厢净宽 | |
| 1、2 | 门口净宽 | | 3、5（4、6） | 轿厢导轨支架距离 | |
| 7、8 | 轿厢导轨测量距离 | | 11、14（12、13） | 对重导轨支架距离 | |
| 15、16 | 对重导轨测量距离 | | $L_1$、$L_2$ | 样板放置测量线段 | |
| $L_3$、$L_4$ | 样板放置测量线段 | | $A$ | 轿厢导轨与对重导轨中心距离 | |
| $B$ | 门口样线与轿厢导轨距离 | | | | |
| 说明 | 填表时需按照实际测量数据填表，测量误差不大于1mm | | | | |
| 检查意见 | 日期： | | 作业小组组长 | | |
| 复核 | | | | | |

19

## 五、质量检查

### 1. 自我评价（40分）

首先由学生根据学习任务完成情况进行自我评价，见表2-3。

**表 2-3　自我评价表**

| 项目内容 | 配分 | 评分标准 | 扣分 | 得分 |
|---|---|---|---|---|
| 1. 工作纪律 | 10 | 1. 不遵守工作纪律要求(扣2分/次)<br>2. 有其他违反工作纪律的行为(扣2分/次) | | |
| 2. 信息收集 | 20 | 1. 利用网络资源、工艺手册等查找有效信息(5分)<br>2. 未填写信息收集记录(扣2分/空，扣完为止) | | |
| 3. 制定计划 | 20 | 1. 人员分工有实效(5分)<br>2. 未按作业项目进行人员分工(扣2分/项，扣完为止) | | |
| 4. 计划实施 | 40 | 1. 按步骤实施作业项目(5分/项)<br>2. 按要求填写电梯井道放样情况记录表(10分)<br>3. 按要求填写电梯安装放线质量检查记录表(10分)<br>4. 表格错填、漏填(扣2分/空，扣完为止) | | |
| 5. 职业规范和环境保护 | 10 | 1. 在工作过程中工具和器材摆放凌乱(扣3分/次)<br>2. 不爱护设备、工具，不节省材料(扣3分/次)<br>3. 在工作完成后不清理现场，在工作中产生的废弃物不按规定处置(扣2分/次)，将废弃物遗弃在工作现场的可扣3分/次) | | |
| | | 总评分＝(1~5项总分)×40% | | |

签名：＿＿＿＿＿＿＿　＿＿＿＿＿年＿＿月＿＿日

### 2. 小组评价（30分）

再由同一实训小组的同学结合自评的情况进行互评，将评分值记录于表2-4中。

**表 2-4　小组评价表**

| 项目内容 | 配分 | 评分 |
|---|---|---|
| 1. 工序记录与自我评价情况 | 10分 | |
| 2. 小组讨论中能积极发言 | 10分 | |
| 3. 小组完成放样作业 | 10分 | |
| 4. 小组成员认真进行放样尺寸测量 | 10分 | |
| 5. 较好地与小组成员沟通 | 10分 | |
| 6. 完成操作任务 | 10分 | |
| 7. 遵守实训操作工作纪律 | 10分 | |
| 8. 安全意识与规范意识 | 10分 | |
| 9. 相互帮助与协作能力 | 10分 | |
| 10. 安全、质量意识与责任心 | 10分 | |
| 总评分＝(1~10项总分)×30% | | |

参加评价人员签名：＿＿＿＿＿＿＿　＿＿＿＿＿年＿＿月＿＿日

### 3. 教师评价（30分）

最后，由指导教师检查本组作业结果，结合自评与互评的结果进行综合评价，对实训过程出现的问题提出改进措施及建议，并将评价意见与评分值记录于表2-5中。

| | | 表 2-5 教师评价表 | |
|---|---|---|---|
| 序号 | | 评 价 标 准 | 评价结果 |
| 1 | | 相关物品及资料交接齐全无误(5分) | |
| 2 | | 安全、规范完成维护保养工作(5分) | |
| 3 | | 放样记录填写正确、无遗漏(5分) | |
| 4 | | 团队分工明确、协作力强(5分) | |
| 5 | | 放样作业细致、无遗漏(5分) | |
| 6 | | 完成并在记录单签字(5分) | |
| 综合评价 | | 教师评分 | |
| 综合评语<br>(作业问题及改进建议) | | | |

教师签名：_____　_____年___月___日

| 六、评价反馈 | 总得分： | （总评分＝自我评分+小组评分+教师评分） |
|---|---|---|

请根据自己在课堂中的实际表现进行自我反思和自我评价。

自我反思：_____

_____

_____。

自我评价：_____

_____

_____。

# 学习任务 2.2　导轨的安装

| 学校 | | 专业 | |
|---|---|---|---|
| 姓名 | | 学号 | |
| 小组成员 | | 组长姓名 | |

## 一、接受工作任务

### 1. 工作任务

某工地拟安装 1 台乘客电梯，现已完成任务安装前的电梯放样工作，请结合施工情况，安装小组根据安装作业要求，实施电梯导轨安装作业。

### 2. 导轨安装要点

1）导轨支架安装。

2）导轨安装。导轨安装过程中，应考虑井道总高与导轨数量，确定导轨长度、轿厢导轨偏差、对重导轨偏差。

3）导轨校正。调整导轨垂直度和中心位置，用校导尺检查尺寸，找正导轨间距。

4）修正导轨接头处的工作面，进行缝隙检查、尺寸检查。

### 3. 电梯导轨安装作业记录表

按导轨安装要求实施安装作业，安装后需核查导轨安装尺寸是否满足安装施工要求，同时填写电梯导轨安装质量检查记录表。

### 4. 作业注意事项

1）学生以 3~6 人为一组。

2）实训开始前应做好个人着装准备、场地准备和工具准备。

3）进入施工现场前，应先做好安全检查。

4）认真实施电梯导轨安装作业，不得遗漏。

5）团队作业应合理分配作业任务。

## 二、信息收集

1. T 型导轨的最大计算允许变形量为：对于装有安全钳的轿厢、对重（或平衡重）导轨，安全钳动作时，在两个方向上为_____；对于没有安全钳的对重（或平衡重）导轨，在两个方向上为_____。

2. 电梯导轨的安装调整是在井道内根据所挂_____安装轿厢和对重导轨各两根。

3. 导轨支架可以使导轨在_____固定。

4. 在安装导轨支架前，首先应检查核对相应尺寸、预留孔或_____的位置及大小是否与土建要求相符，要复核由样板上放下的_____。

5. 基准线距导轨支架平面_____，支架平行度误差_____，两线间距一般为_____。

6. 在安装过程中，导轨支架与预埋件接触面应严密，焊接采取内外四周_____，焊接高度应_____。

7. 导轨安装过程中，应考虑井道总高与_____，确定_____
____，在导轨摆放过程中，榫舌向上。

8. 导轨安装过程中，两列导轨顶面间的距离偏差应为：轿厢导轨_____；
对重导轨_____。

9. 调整导轨位置，使其_____与基准线相对，并保持规定间隙。用
钢直尺检查导轨端面中心与_____的间距和中心距离，用对中校正用卡板
校对两导轨面分中情况，如不符合要求，应调整导轨_____和_____。

10. 用校导尺检查、找正导轨，完成_____。

11. 将校导尺端平，并使两指针尾部侧面和导轨侧工作面贴平、贴严，两端指针尖端
指在_____，说明无扭曲现象。

12. 在找正点处将长度较导轨间距 $L$ 小_____的校导尺端平，用塞尺
测量校导尺与导轨端面_____，使其符合要求。

13. 导轨接头处，导轨工作面直线度可用_____钢直尺靠在导轨工作面。

14. 导轨接头处的全长不应有连续缝隙，局部缝隙_____。

15. 两导轨的侧工作面和端面接头处的台阶应_____。

| 三、制订计划 |
| --- |

根据电梯导轨安装作业任务，合理做好人员分工，并实施好电梯安装放样内容与
步骤。

| 四、计划实施 |
| --- |

步骤一：导轨支架的安装作业。
步骤二：导轨的安装作业。
步骤三：导轨的调整作业。
步骤四：参照制订的小组作业计划，实施电梯导轨安装作业，并填写电梯导轨安装情
况记录表，见表2-6。

表 2-6　电梯导轨安装情况记录表

| 组长 | | 记录员 | |
| --- | --- | --- | --- |
| 安监员 | | 展示员 | |
| 实施内容 | | | |
| 操作步骤 | | 完成情况 | |
| 确认导轨安装样线符合要求 | | □完成 | □未完成 |
| 确认导轨支架符合要求 | | □完成 | □未完成 |
| 检查、清洗导轨 | | □完成 | □未完成 |
| 吊装导轨:局部间隙不大于0.5mm,接头处台阶不大于0.5mm | | □完成 | □未完成 |
| 单列导轨校正(粗调):对安装基准线垂直度误差应不大于1/5000mm | | □完成 | □未完成 |
| 单列导轨校正(精调):轿厢两列导轨顶面间的距离偏差为0~2mm | | □完成 | □未完成 |
| 紧固导轨压导板、接导板 | | □完成 | □未完成 |
| 安全文明操作 | | □完成 | □未完成 |

步骤五：填写电梯导轨安装质量检查记录表，见表2-7。

**表 2-7　电梯导轨安装质量检查记录表**

| 作业人员 | | 施工编号 | |
|---|---|---|---|
| 项目名称 | | 施工时间 | |

| 质量检查操作步骤 | 检查情况 | |
|---|---|---|
| 各零部件是否固定到位 | □是 | □否 |
| 焊接处是否符合标准要求 | □是 | □否 |
| 每根导轨至少有两个导轨支架,其间距不大于2.5m | □是 | □否 |
| 导轨安装是否分中 | □是 | □否 |
| 导轨接缝处是否不大于0.5mm | □是 | □否 |
| 两列导轨是否在同一平面(相平行) | □是 | □否 |
| 轿厢两列导轨端面间距离是否达到要求 | □是　　　　□否<br>要求值:_____ mm<br>实测值:_____ mm | |
| 轿厢两列导轨接头工作面是否达到要求,按 $a$、$b$、$c$、$d$ 检测,$a$ = _____ mm,$b$ = _____ mm,$c$ = _____ mm,$d$ = _____ mm | □是 | □否 |
| 质检结论:是否符合标准 | □是 | □否 |
| 说明 | 填表时需按照实际测量数据填表 | |

| 检查意见 | 日期: | 作业小组 | |
|---|---|---|---|
| | | 组长 | |
| 复核 | | | |

## 五、质量检查

### 1. 自我评价（40分）
首先由学生根据学习任务完成情况进行自我评价，见表2-8。

**表 2-8　自我评价表**

| 项目内容 | 配分 | 评分标准 | 扣分 | 得分 |
|---|---|---|---|---|
| 1. 工作纪律 | 10 | 1. 不遵守工作纪律要求(扣2分/次)<br>2. 有其他违反工作纪律的行为(扣2分/次) | | |
| 2. 信息收集 | 20 | 1. 利用网络资源、工艺手册等查找有效信息(5分)<br>2. 未填写信息收集记录(扣2分/空,扣完为止) | | |
| 3. 制订计划 | 20 | 1. 人员分工有实效(5分)<br>2. 未按作业项目进行人员分工(扣2分/项,扣完为止) | | |
| 4. 计划实施 | 40 | 1. 按步骤实施作业项目(5分/项)<br>2. 按要求填写电梯导轨安装情况记录表(10分)<br>3. 按要求填写电梯导轨安装质量检查记录表(10分)<br>4. 表格错填、漏填(扣2分/空,扣完为止) | | |
| 5. 职业规范和环境保护 | 10 | 1. 在工作过程中工具和器材摆放凌乱(扣3分/次)<br>2. 不爱护设备、工具,不节省材料(扣3分/次)<br>3. 在工作完成后不清理现场,在工作中产生的废弃物不按规定处置(扣2分/次,将废弃物遗弃在工作现场的可扣3分/次) | | |
| 总评分＝(1~5项总分)×40% | | | | |

签名：_____ _____年____月____日

## 2. 小组评价（30分）

再由同一实训小组的同学结合自评的情况进行互评，将评分值记录于表 2-9 中。

### 表 2-9 小组评价表

| 项目内容 | 配分 | 评分 |
|---|---|---|
| 1. 工序记录与自我评价情况 | 10 分 | |
| 2. 小组讨论中能积极发言 | 10 分 | |
| 3. 小组完成导轨安装调整作业 | 10 分 | |
| 4. 小组成员认真进行导轨安装调整、尺寸测量 | 10 分 | |
| 5. 较好地与小组成员沟通 | 10 分 | |
| 6. 完成操作任务 | 10 分 | |
| 7. 遵守实训操作工作纪律 | 10 分 | |
| 8. 安全意识与规范意识 | 10 分 | |
| 9. 相互帮助与协作能力 | 10 分 | |
| 10. 安全、质量意识与责任心 | 10 分 | |
| | 总评分 = （1～10 项总分）×30% | |

参加评价人员签名：_____  _____ 年___月___日

## 3. 教师评价（30分）

最后，由指导教师检查本组作业结果，结合自评与互评的结果进行综合评价，对实训过程出现的问题提出改进措施及建议，并将评价意见与评分值记录于表 2-10 中。

### 表 2-10 教师评价表

| 序号 | 评价标准 | 评价结果 |
|---|---|---|
| 1 | 相关物品及资料交接齐全无误（5分） | |
| 2 | 安全、规范完成维护保养工作（5分） | |
| 3 | 导轨安装记录填写正确、无遗漏（5分） | |
| 4 | 团队分工明确、协作力强（5分） | |
| 5 | 导轨安装作业细致、无遗漏（5分） | |
| 6 | 完成并在记录单签字（5分） | |
| 综合评价 | 教师评分 | |
| 综合评语（作业问题及改进建议） | | |

教师签名：_____  年  月  日

| 六、评价反馈 | 总得分： | （总评分＝自我评分+小组评分+教师评分） |
|---|---|---|

请根据自己在课堂中的实际表现进行自我反思和自我评价。

自我反思：_____
_____
_____。

自我评价：_____
_____
_____。

# 学习任务 2.3  门系统的安装

| 学校 | | 专业 | |
|---|---|---|---|
| 姓名 | | 学号 | |
| 小组成员 | | 组长姓名 | |

## 一、接受工作任务

1. 工作任务

某工地安装 1 台乘客电梯，现计划开展电梯层门的安装作业，请结合施工情况，安装小组根据层门安装作业要求，实施安装作业。

2. 层门安装要点

1）地坎放线，根据样线在层门口标注层门中心线和净口宽度线。

2）地坎安装，将地脚爪装在地坎上放稳地坎，使地坎上的划线与门地面上的基准线划线对齐，测量样线与地坎之间的距离。

3）牛腿安装，如果没有混凝土牛腿，在预埋件上焊支架，安装钢制牛腿来稳固地坎。

4）安装门套，用螺栓将门柱和门楣拼装，组成门套。

5）安装门机，将门机装置固定在门套上方门机固定件上，测量门导轨的左右分中，测量层门上坎的垂直度。

6）安装层门板，用螺栓连接门板与门挂板。

7）调整层门，撤掉门扇和地坎间所垫之物，进行门滑行试验。

8）门锁调整，调整层门门锁和门安全开关，使其达到锁钩动作灵活、层门能自动平稳地关闭。

9）层门护脚板安装。

3. 电梯层门安装作业记录表

按地坎、门套、门机、门锁的要求实施安装作业，安装后需核查层门安装尺寸是否达到电梯运行要求，同时填写电梯层门安装质量检查记录表。

4. 作业注意事项

1）学生以 3~6 人为一组。

2）实训开始前应做好个人着装准备、场地准备和工具准备。

3）进入施工现场前，应先做好安全检查。

4）认真实施电梯层门安装作业，不得遗漏。

5）团队作业应合理分配作业任务。

## 二、信息收集

1. 电梯的门系统包括_____、_____及其开关门装置和附属部件，电梯层门也称为厅门。

2. 轿门是设置在_____的门，设在轿厢靠近_____的一侧，供司机、乘客和货物进出。

3. 层门上装有_____、机械联锁装置的_____。只有轿门开启才能带动层门的开启，所以轿门称为_____，层门称为_____。

4. 电梯门的作用是当电梯停止时，供人和货物进出；当电梯运行时，将人和货物与井道隔离，防止人和货物与井道碰撞甚至_____井道。

5. 电梯门按照结构形式可分为_____、_____和_____三种，且层门必须与轿门同一类型。

6. 电梯轿门和层门一般由自动开门机及开门机构、自动门锁及_____、安全触板、应急开锁装置、_____、导轨架、滑轮、滑块、门框、地坎等部件所组成。

7. 门关闭后，门扇之间及门扇与立柱、门楣和地坎之间的间隙应尽可能小。对于乘客电梯，此间隙不得_____；对于载货电梯，此间隙_____。

8. 每个层站入口均应装设一个具有足够强度的_____，以承受通过它进入轿厢的载荷。

9. 阻止关门力不应大于_____，这个力的测量不得在关门行程开始的1/3之内进行。

10. 地坎端面与门样线距离为_____，同时在门口宽度位置划线，该距离的误差应小于_____。

11. 地坎水平误差不超过1/1000，同时应高出楼板装饰面_____。

12. 根据电梯层门地坎中心及净开门宽度，用划针划出_____和净开门宽度线。

13. 层门地坎安装时必须控制的安装尺寸，其中包括_____、门高度、门口中心线、_____和_____与样线距离等。

14. 检查地坎应具有足够的强度并且其水平度不大于_____，地坎上水平面应高出装修地面 2~5mm。

15. 调整门套横梁与立柱互相_____、_____，确认门套立柱的间距为开门宽度±1mm。

16. 在地坎上放置组装好的门套，确认左右门套立柱与地坎的出入口宽划线重合，然后拧紧门套_____与_____之间的紧固螺栓。

17. 门套立柱应与门口样线及地坎的门口宽划线对齐，门套前后、左右方向垂直度误差、挠曲误差，不大于_____。

18. 在安装门套时，要测量门套与层门间隙是否为_____，门套中心与上坎中心是否在同一直线上。

19. 安装上坎时应用_____水平仪测量水平度，并用线锤检查门导轨与地坎滑槽的平面度。上坎两侧与轿厢导轨的距离是否一致，其允许误差不大于_____，上坎中心与地坎中心应在同一直线上。

20. 上坎与地坎之间的相对位置，门地坎距离样线_____，门上坎导轨面与地坎槽内表面允许误差不大于_____。

21. 门上坎托架与门上坎的垂直度误差不大于_____。

22. 用螺栓将门扇与门挂轮、门扇与滑块固定，用铅垂线测量门扇垂直度是否为 1/1000（正面和侧面），如不对，可用专用_____调节。

23. 检查强迫关门装置是否有效，_____声音是否正常，_____是否顺畅。

## 三、制订计划

根据电梯层门安装作业任务，合理做好人员分工，并实施好安装内容与步骤。

## 四、计划实施

步骤一：层门地坎安装作业。

步骤二：层门立柱安装作业。

步骤三：层门门机安装作业。

步骤四：层门门扇安装作业。

步骤五：参照制订的小组作业计划，实施电梯层门安装作业，并填写电梯层门安装情况记录表，见表 2-11。

表 2-11  电梯层门安装情况记录表

| 组长 | | 记录员 | |
|---|---|---|---|
| 安监员 | | 展示员 | |
| 实施内容 | | | |

| | 操作步骤 | 完成情况 | |
|---|---|---|---|
| 层门安装 | 确认层门安装样线符合要求 | □完成 | □未完成 |
| | 检查、清晰层门导轨部件 | □完成 | □未完成 |
| | 安装厅门地坎:水平度不大于1/1000,地坎应高出装饰地面2~5mm | □完成 | □未完成 |
| | 安装立柱:立柱垂直度误差小于1mm | □完成 | □未完成 |
| | 安装上坎:导轨中心与地坎中心的垂直度误差小于1mm | □完成 | □未完成 |
| | 安装门套符合技术要求 | □完成 | □未完成 |
| | 安装门扇符合技术要求 | □完成 | □未完成 |
| | 安装门锁符合技术要求 | □完成 | □未完成 |
| | 安全文明操作 | □完成 | □未完成 |

步骤六：填写电梯层门安装质量检查记录表，见表 2-12。

表 2-12  电梯层门安装质量检查记录表

| 作业人员 | | 施工编号 | |
|---|---|---|---|
| 项目名称 | | 施工时间 | |
| 质量检查操作步骤 | | 检查情况 | |
| 各零部件是否固定到位 | | □是 | □否 |
| 层门地坎水平度是否符合要求 | | □是　　　　　□否<br>要求值:_____mm<br>实测值:_____mm | |
| 层门上坎门头安装是否符合要求 | | □是　　　　　□否<br>要求值:_____mm<br>实测值:_____mm | |

28

| 质量检查操作步骤 | 检查情况 |
|---|---|
| 层门门扇垂直度误差是否符合要求 | □是 　□否<br>要求值：_____ mm<br>实测值：_____ mm |
| 层门门锁安装是否符合要求 | □是 　□否<br>要求值：_____ mm<br>实测值：_____ mm |
| 层门门套与门扇的间隙是否符合技术要求 | □是 　□否<br>要求值：_____ mm<br>实测值：_____ mm |
| 门扇与立柱、门扇与地坎间隙是否符合要求 | □是 　□否<br>要求值：_____ mm<br>实测值：_____ mm |
| 门扇与门扇平面度误差是否符合要求 | □是 　□否<br>要求值：_____ mm<br>实测值：_____ mm |
| 开关门是否顺畅，无冲击感 | □是 　□否 |
| 质检结论：是否符合标准 | □是 　□否 |

| 说明 | 填表时需按照实际测量数据填表 | | |
|---|---|---|---|
| 检查意见 | 日期： | 作业小组 | |
| | | 组长 | |
| 复核 | | | |

## 五、质量检查

### 1. 自我评价（40分）

首先由学生根据学习任务完成情况进行自我评价，见表2-13。

表2-13　自我评价表

| 项目内容 | 配分 | 评分标准 | 扣分 | 得分 |
|---|---|---|---|---|
| 1. 工作纪律 | 10 | 1. 不遵守工作纪律要求（扣2分/次）<br>2. 有其他违反工作纪律的行为（扣2分/次） | | |
| 2. 信息收集 | 20 | 1. 利用网络资源、工艺手册等查找有效信息（5分）<br>2. 未填写信息收集记录（扣2分/空，扣完为止） | | |
| 3. 制订计划 | 20 | 1. 人员分工有实效（5分）<br>2. 未按作业项目进行人员分工（扣2分/项，扣完为止） | | |
| 4. 计划实施 | 40 | 1. 按步骤实施作业项目（5分/项）<br>2. 按要求填写电梯层门安装情况记录表（10分）<br>3. 按要求填写电梯层门安装质量检查记录表（10分）<br>4. 表格错填、漏填（扣2分/空，扣完为止） | | |
| 5. 职业规范和环境保护 | 10 | 1. 在工作过程中工具和器材摆放凌乱（扣3分/次）<br>2. 不爱护设备、工具，不节省材料（扣3分/次）<br>3. 在工作完成后不清理现场，在工作中产生的废弃物不按规定处置（扣2分/次，将废弃物遗弃在工作现场的可扣3分/次） | | |
| | | 总评分＝（1～5项总分）×40% | | |

签名：_____　_____年____月____日

## 2. 小组评价 (30分)

再由同一实训小组的同学结合自评的情况进行互评,将评分值记录于表 2-14 中。

表 2-14  小组评价表

| 项 目 内 容 | 配分 | 评分 |
|---|---|---|
| 1. 工序记录与自我评价情况 | 10 分 | |
| 2. 小组讨论中能积极发言 | 10 分 | |
| 3. 小组完成层门安装与调整作业 | 10 分 | |
| 4. 小组成员认真进行层门安装与调整作业 | 10 分 | |
| 5. 较好地与小组成员沟通 | 10 分 | |
| 6. 完成操作任务 | 10 分 | |
| 7. 遵守工作纪律 | 10 分 | |
| 8. 安全意识与规范意识 | 10 分 | |
| 9. 相互帮助与协作能力 | 10 分 | |
| 10. 安全、质量意识与责任心 | 10 分 | |
| | 总评分 = (1~10 项总分)×30% | |

参加评价人员签名:_____  _____ 年___月___日

## 3. 教师评价 (30分)

最后,由指导教师检查本组作业结果,结合自评与互评的结果进行综合评价,对实训过程出现的问题提出改进措施及建议,并将评价意见与评分值记录于表 2-15 中。

表 2-15  教师评价表

| 序号 | 评 价 标 准 | 评价结果 |
|---|---|---|
| 1 | 相关物品及资料交接齐全无误(5 分) | |
| 2 | 安全、规范完成维护保养工作(5 分) | |
| 3 | 层门安装记录填写正确、无遗漏(5 分) | |
| 4 | 团队分工明确、协作力强(5 分) | |
| 5 | 层门安装作业细致、无遗漏(5 分) | |
| 6 | 完成并在记录单签字(5 分) | |
| 综合评价 | 教师评分 | |
| 综合评语<br>(作业问题及改进建议) | | |

教师签名:_____  _____ 年___月___日

| 六、评价反馈 | 总得分: | (总评分 = 自我评分+小组评分+教师评分) |
|---|---|---|

请根据自己在课堂中的实际表现进行自我反思和自我评价。

自我反思:_____

_____

_____。

自我评价:_____

_____

_____。

# 学习任务2.4 驱动系统的安装

| 学校 | | 专业 | |
|---|---|---|---|
| 姓名 | | 学号 | |
| 小组成员 | | 组长姓名 | |

## 一、接受工作任务

1. 工作任务

某工地安装1台乘客电梯，现计划开展电梯驱动系统安装作业，请结合施工情况，安装小组根据驱动系统安装作业要求，实施电梯驱动系统安装作业。

2. 驱动系统安装要点

1）机房样板放线确认。

2）安装承重梁：确认安装位置，吊装承重梁，熟悉机房楼板的要求，熟悉焊接要求。

3）安装曳引机：熟悉吊装曳引机座方式，安装导向轮，调整导向轮，曳引机制动器的调整作业。

4）安装复绕式导向轮：熟悉中心线的定位方法，检测导向轮安装位置要求，复查安装尺寸。

3. 电梯驱动系统安装作业记录表

按承重梁、曳引机、导向轮安装要求实施安装作业，安装后需核查驱动系统安装尺寸是否达到电梯运行要求，同时填写电梯驱动系统安装质量检查记录表。

4. 作业注意事项

1）学生以3~6人为一组。

2）实训开始前应做好个人着装准备、场地准备和工具准备。

3）进入施工现场前，应先做好安全检查。

4）认真实施电梯驱动系统安装作业，不得遗漏。

5）团队作业应合理分配作业任务。

## 二、信息收集

1. 机房的曳引机承重梁担负着电梯传动部分的_____和_____，因此要可靠地架设在坚固的墙或横梁上。

2. 承重梁两端埋入墙内的深度必须超过墙厚中心_____mm，承重梁搭边长度不小于75mm。

3. 承重梁负重边适当垫高，使每根承重梁的上平面水平度为_____，相邻之间的高度允许误差为_____mm。承重梁相互的平行度误差为_____mm。

4. 在安装承重梁的同时，要计算出_____位置，根据样板架上_____初定导向轮安装位置尺寸，将_____安装于承重梁上，将主机安装于曳引机座上，然后吊起主机安装于承重梁的防振橡胶上，最后安装_____。

5. 承重梁放在两个高为_____mm的钢筋混凝土台阶上时，将曳引机底盘的钢底板与承重梁相固定，在钢底板上布置_____，然后将曳引机与钢底板安放在防振橡胶上。

6. 位置误差：曳引机在前后方向不超过_____mm，左右方向不超过_____mm。

7. 曳引轮垂直度：在曳引轮轴方向上，从曳引轮缘上边放一铅垂线，与下边轮缘的最大间隙应小于_____mm。在蜗杆方向上的水平度允许误差为_____。

8. 当曳引机底盘与承重梁之间产生间隙时应插入_____。

9. 为防止轿厢运行时曳引机发生水平位移，在曳引机经全面核正后应_____。

10. 制动器调节时，制动状态时制动器闸瓦应与制动盘_____，松闸时，两侧闸瓦应同时离开_____表面，用塞尺测量，其间隙为每两侧两角平均值应小于_____mm。调整时，在安全可靠的前提下，需考虑制动时的_____和平层精度。

11. 整个曳引机装好后应经_____，在平稳、无噪声情况下，正反向运转各____个小时后，方为合格。

12. 试验前曳引机应加以检查、加油，油位的高度以达到_____为宜，不应过多或过少，减速箱的润滑油为_____型。

13. 轴架、轴座内的轴承处选用_____润滑油。

14. 导向轮和曳引轮的平行度允许误差应不大于_____mm。

15. 导向轮的垂直度允许误差应不大于_____mm。

16. 导向轮安装位置误差，在前后方向为_____mm，左右方向为_____mm。

---

**三、制订计划**

根据电梯驱动系统安装作业任务，合理做好人员分工，并实施好电梯安装作业内容与步骤。

**四、计划实施**

步骤一：机房驱动系统放线作业。

步骤二：曳引机承重梁安装作业。

步骤三：曳引机安装作业。

步骤四：复绕式导向轮安装作业。

步骤五：参照制订的小组作业计划，实施电梯驱动系统安装作业，并填写电梯驱动系统安装情况记录表，见表 2-16。

表 2-16　电梯驱动系统安装情况记录表

| 组长 | | 记录员 | |
|---|---|---|---|
| 安监员 | | 展示员 | |
| 实施内容 | | | |
| 操作步骤 | | 完成情况 | |
| 承重梁安装 | 确认承重梁安装基准线符合要求 | □完成 | □未完成 |
| | 放置承重梁 | □完成 | □未完成 |
| | 调整承重梁水平度小于 1/1000 | □完成 | □未完成 |
| | 吊装导轨：局部间隙不大于 0.5mm | □完成 | □未完成 |
| | 调整承重梁间距偏差小于 0.5mm | □完成 | □未完成 |
| | 固定承重梁两端 | □完成 | □未完成 |
| 曳引机安装 | 吊装主机 | □完成 | □未完成 |
| | 曳引轮调整、定位 | □完成 | □未完成 |
| | 导向轮调整、定位 | □完成 | □未完成 |
| | 复核尺寸 | □完成 | □未完成 |
| | 固定曳引机 | □完成 | □未完成 |
| 安全文明操作 | | □完成 | □未完成 |

步骤六：填写电梯驱动系统安装质量检查记录表，见表 2-17。

## 表 2-17　电梯驱动系统安装质量检查记录表

| 作业人员 | | 施工编号 | |
|---|---|---|---|
| 项目名称 | | 施工时间 | |

| 质量检查操作步骤 | 检查情况 | |
|---|---|---|
| 各零部件、接线是否固定到位 | □是 | □否 |
| 承重梁水平度是否达到要求 | □是<br>要求值：_____ mm<br>实测值：_____ mm | □否 |
| 承重梁间距偏差是否达到要求 | □是<br>要求值：_____ mm<br>实测值：_____ mm | □否 |
| 导向轮和曳引轮的平行度允许误差是否达到要求 | □是<br>要求值：_____ mm<br>实测值：_____ mm | □否 |
| 导向轮与曳引轮是否在同一平面 | □是 | □否 |
| 导向轮的垂直度允许误差是否达到要求 | □是<br>要求值：_____ mm<br>实测值：_____ mm | □否 |
| 导向轮安装位置误差,在前后方向测量结果是否达到要求 | □是<br>要求值：_____ mm<br>实测值：_____ mm | □否 |
| 导向轮安装位置误差,在左右方向测量结果是否达到要求 | □是<br>要求值：_____ mm<br>实测值：_____ mm | □否 |
| 质检结论:是否符合标准 | □是 | □否 |
| 说明 | 填表时需按照实际测量数据填表 | |

| 检查意见 | 日期: | 作业小组 | |
|---|---|---|---|
| | | 组长 | |
| 复核 | | | |

## 五、质量检查

### 1. 自我评价（40 分）

首先由学生根据学习任务完成情况进行自我评价，见表 2-18。

#### 表 2-18　自我评价表

| 项目内容 | 配分 | 评分标准 | 扣分 | 得分 |
|---|---|---|---|---|
| 1. 工作纪律 | 10 | 1. 不遵守工作纪律要求(扣 2 分/次)<br>2. 有其他违反工作纪律的行为(扣 2 分/次) | | |
| 2. 信息收集 | 20 | 1. 利用网络资源、工艺手册等查找有效信息(5 分)<br>2. 未填写信息收集记录(扣 2 分/空,扣完为止) | | |
| 3. 制订计划 | 20 | 1. 人员分工有实效(5 分)<br>2. 未按作业项目进行人员分工(扣 2 分/项,扣完为止) | | |
| 4. 计划实施 | 40 | 1. 按步骤实施作业项目(5 分/项)<br>2. 按要求填写电梯驱动系统安装情况记录表(10 分)<br>3. 按要求填写电梯驱动系统安装质量检查记录表(10 分)<br>4. 表格错填、漏填(扣 2 分/空,扣完为止) | | |
| 5. 职业规范和环境保护 | 10 | 1. 在工作过程中工具和器材摆放凌乱(扣 3 分/次)<br>2. 不爱护设备、工具,不节省材料(扣 3 分/次)<br>3. 在工作完成后不清理现场,在工作中产生的废弃物不按规定处置(扣 2 分/次),将废弃物遗弃在工作现场的可扣 3 分/次) | | |
| | | 总评分 = (1~5 项总分) × 40% | | |

签名：_____　_____年___月___日

## 2. 小组评价（30分）

再由同一实训小组的同学结合自评的情况进行互评，将评分值记录于表2-19中。

表 2-19　小组评价表

| 项目内容 | 配分 | 评分 |
|---|---|---|
| 1. 工序记录与自我评价情况 | 10分 | |
| 2. 小组讨论中能积极发言 | 10分 | |
| 3. 小组完成驱动系统安装调整作业 | 10分 | |
| 4. 小组成员认真进行驱动系统安装尺寸测量 | 10分 | |
| 5. 较好地与小组成员沟通 | 10分 | |
| 6. 完成操作任务 | 10分 | |
| 7. 遵守工作纪律 | 10分 | |
| 8. 安全意识与规范意识 | 10分 | |
| 9. 相互帮助与协作能力 | 10分 | |
| 10. 安全、质量意识与责任心 | 10分 | |
| | 总评分 =（1～10项总分）×30% | |

参加评价人员签名：_____　_____年____月____日

## 3. 教师评价（30分）

最后，由指导教师检查本组作业结果，结合自评与互评的结果进行综合评价，对实训过程出现的问题提出改进措施及建议，并将评价意见与评分值记录于表2-20中。

表 2-20　教师评价表

| 序号 | 评价标准 | 评价结果 |
|---|---|---|
| 1 | 相关物品及资料交接齐全无误（5分） | |
| 2 | 安全、规范完成维护保养工作（5分） | |
| 3 | 驱动系统安装记录填写正确、无遗漏（5分） | |
| 4 | 团队分工明确、协作力强（5分） | |
| 5 | 驱动系统安装作业细致、无遗漏（5分） | |
| 6 | 完成并在记录单签字（5分） | |
| 综合评价 | 教师评分 | |
| 综合评语<br>（作业问题及改进建议） | | |

教师签名：_____　_____年____月____日

| 六、评价反馈 | 总得分： | （总评分＝自我评分+小组评分+教师评分） |
|---|---|---|

请根据自己在课堂中的实际表现进行自我反思和自我评价。

自我反思：_____

_____

_____。

自我评价：_____

_____

_____。

34

# 学习任务2.5 轿厢和对重的安装

| 学校 | | 专业 | |
|---|---|---|---|
| 姓名 | | 学号 | |
| 小组成员 | | 组长姓名 | |

**一、接受工作任务**

1. 工作任务

某工地安装1台乘客电梯，现计划开展电梯轿厢和对重的安装作业，请结合施工情况，安装小组根据轿厢和对重安装作业要求，实施安装作业。

2. 轿厢和对重安装要点

1）轿架安装时，需要按步骤实施安装作业，其中包括支撑点的固定、安装底梁、安装立柱、安装上梁、吊装轿厢底盘、安装调整安全钳拉杆、安装撞弓等。

2）轿厢安装时，需要保证轿厢安装质量，具体安装要点包括拼装轿壁和调整轿壁、安装轿门的门机、安装门板、调整门板、安装轿顶装置等。

3）安装护脚板时，需注意护脚板的尺寸要求和安装要求，如护脚板为1.5mm的钢板，其宽度等于相应层站入口净宽，护脚板的安装应垂直、平整、光滑、牢固等。

4）安装对重时，需做好吊装前的准备工作、对重架吊装、对重导靴的安装调整、对重块的安装及固定、安装补偿墩等。

3. 电梯轿厢和对重安装作业记录表

按轿架、轿厢、对重安装要求实施安装作业，安装后需核查轿厢和对重安装尺寸是否达到电梯运行要求，同时填写电梯轿厢和对重安装质量检查记录表。

4. 作业注意事项

1）学生以3~6人为一组。

2）实训开始前应做好个人着装准备、场地准备和工具准备。

3）进入施工现场前，应先做好安全检查。

4）认真实施电梯轿厢和对重安装作业，不得遗漏。

5）团队作业应合理分配作业任务。

**二、信息收集**

1. 轿厢承载重量并在_____的曳引下沿着导轨工作面上下运行，主要作用是运送乘客和货物。

2. 轿厢是电梯用以承载和运送人员和物资的箱形空间。轿厢一般由_____、轿顶、轿门等主要部件构成。

3. 轿厢内的主要装置有_____、显示电梯运行方向及位置的显示面板、_____、抽风机或轿厢空调等调节轿厢温度的设备等。

4. 轿厢内部净高度应不小于____，使用人员正常出入轿厢入口的净高度应不小于____。

5. 对重由对重架、对重块和_____组成，对重块固定在一个框架内，防止它们移位，当电梯额定速度不大于1m/s时，则至少要用两根_____将对重块固定住，该拉杆又称压码。

6. 对重是电梯曳引系统的一个组成部分，其作用在于_____和曳引轮、蜗轮上的力矩。

7. 对重的结构设有固定的形式，对重的四个角上都应设置_____以保证在电梯运行时沿着对重导轨垂直运行。

8. 对重块的配置数量应使对重块和对重架的总重_____轿厢总重加额定载重量。

9. 对重的运行区域应采用刚性隔离防护，该隔离从电梯底坑地面上不大于_____处向上延伸到至少_____的高度。

10. 轿厢通常的安装顺序为：_____
_____。

11. 轿厢应在井道的_____装配，在机房楼板相对轿厢中心点的孔洞处，通过机房楼板和承重梁悬挂葫芦，作起吊轿架。

12. 安装下梁，将下梁放在型钢上并适当调整，要求下梁中心与厅门中心在_____上，下梁两端对着_____导轨。

13. 安装直梁，将轿架下梁放于木料上，并校正水平，其水平度误差为_____，使导轨顶面与安全钳座间隙两端一致，并将其相对固定。

14. 直梁在整个高度上的垂直度允许误差应不大于_____，要求立柱的垂直度不大于_____，并不得有歪曲现象，导轨应居中于安全钳钳块内，同时满足楔块与导轨的间隙要求：瞬时式安全钳_____，渐进式安全钳_____。

15. 上梁水平度误差不大于_____，轿顶轮与上梁的间隙误差不大于_____，单个绳轮的垂直度不大于_____。

16. 安装轿底、拉杆，调整拉杆螺母使底板的水平度误差不大于_____，用相应塞片垫实，拧紧各螺母。

17. 安装轿壁，可逐扇安装，亦可几扇先拼在一起再安装，轿壁安装后再安装_____。

18. 要注意轿顶和轿壁串好连接螺栓后_____，要在调整围扇垂直度误差不大于_____的情况下逐个将螺栓紧固。

19. 拼装轿壁时，垂直度不小于_____，除前后、左右尺寸分中外，要求间隙一致，夹角_____，板面_____、垂直，同时要注意轿壁与轿壁之间拼装时不能_____一颗固定螺栓，防止引起轮梯运行过程中轿壁与轿壁之间的声响。

20. 吊装轿顶，调整轿顶的位置，复核轿壁的_____要求，紧固_____，把轿厢与立柱固定。

21. 按开门方式，装好轿门上部_____及下部轿门地坎和滑道。

22. 吊门导轨垂直度不大于_____，与轿门地坎滑道间的平行度不大于_____。

23. 对重装置用以平衡_____及部分起重重量。检查对重_____与对重架尺寸是否相配，并了解对重各部分零部件的装配位置。

24. 在安装时先拆去对重架上一侧的上下_____导靴，然后将对重架装入导轨后再将拆下的导靴装上。

25. 电梯额定速度不大于1.0m/s，蓄能型缓冲距离_____；电梯额定速度不大于2.5m/s，耗能型缓冲距离_____。

## 三、制订计划

根据电梯轿厢和对重安装作业任务，合理做好人员分工，并实施好安装作业内容与步骤。

## 四、计划实施

步骤一：轿架安装作业。

步骤二：轿厢安装作业。

步骤三：护脚板安装作业。

步骤四：对重安装作业。

步骤五：参照制订的小组作业计划，实施电梯轿厢和对重安装作业，填写电梯轿厢和对重安装情况记录表，见表2-21。

表2-21 电梯轿厢和对重安装情况记录表

| 组长 | | 记录员 | |
|---|---|---|---|
| 安监员 | | 展示员 | |
| 实施内容 | | | |
| 操作步骤 | | 完成情况 | |
| 轿厢安装 | 搭设轿厢支承架 | □完成 | □未完成 |
| | 固定手拉葫芦 | □完成 | □未完成 |
| | 检查轿架部件 | □完成 | □未完成 |
| | 安装下梁:下梁中心与层门中心在同一直线上,下梁两端对着轿厢导轨 | □完成 | □未完成 |
| | 安装立柱:垂直度误差不大于1mm | □完成 | □未完成 |
| | 安装上梁:水平度不大于2/1000 | □完成 | □未完成 |
| | 安装轿底、拉杆并符合要求 | □完成 | □未完成 |
| | 复查尺寸、紧固各螺栓 | □完成 | □未完成 |
| 对重安装 | 检查底层脚手架是否影响对重安装 | □完成 | □未完成 |
| | 吊入对重架 | □完成 | □未完成 |
| | 放入对重块 | □完成 | □未完成 |
| | 安装对重压板 | □完成 | □未完成 |
| | 安全文明操作 | □完成 | □未完成 |

步骤六：填写电梯轿厢和对重安装质量检查记录表，见表2-22。

表 2-22  电梯轿厢和对重安装质量检查记录表

| 作业人员 | | 施工编号 | |
|---|---|---|---|
| 项目名称 | | 施工时间 | |

| 质量检查操作步骤 | 检查情况 | |
|---|---|---|
| 各零部件是否固定到位 | □是 | □否 |
| 轿厢板垂直度与接缝处是否符合要求 | □是 | □否 |
| 井道内表面与轿厢地坎、轿门或门框的间距是否符合要求 | □是　　　　　　□否<br>要求值：＿＿＿＿＿mm<br>实测值：＿＿＿＿＿mm | |
| 轿门地坎与层门地坎间隙是否符合要求 | □是　　　　　　□否<br>要求值：＿＿＿＿＿mm<br>实测值：＿＿＿＿＿mm | |
| 轿门地坎与层门滚轮间隙是否符合要求 | □是　　　　　　□否<br>要求值：＿＿＿＿＿mm<br>实测值：＿＿＿＿＿mm | |
| 轿顶应安装护栏并符合要求 | □是 | □否 |
| 轿内应急照明、求救和报警装置或电话符合要求 | □是 | □否 |
| 对重块固定，对重与相关联部件距离符合要求 | □是　　　　　　□否<br>要求值：＿＿＿＿＿mm<br>实测值：＿＿＿＿＿mm | |
| 对重块固定，对重与轿厢之间距离符合要求 | □是　　　　　　□否<br>要求值：＿＿＿＿＿mm<br>实测值：＿＿＿＿＿mm | |
| 质检结论:是否符合标准 | □是 | □否 |

| 说明 | 填表时需按照实际测量数据填表 | | |
|---|---|---|---|
| 检查意见 | 日期： | 作业小组 | |
| | | 组长 | |
| 复核 | | | |

## 五、质量检查

### 1. 自我评价（40 分）

首先由学生根据学习任务完成情况进行自我评价，见表 2-23。

表 2-23  自我评价表

| 项目内容 | 配分 | 评分标准 | 扣分 | 得分 |
|---|---|---|---|---|
| 1. 工作纪律 | 10 | 1. 不遵守工作纪律要求(扣 2 分/次)<br>2. 有其他违反工作纪律的行为(扣 2 分/次) | | |
| 2. 信息收集 | 20 | 1. 利用网络资源、工艺手册等查找有效信息(5 分)<br>2. 未填写信息收集记录(扣 2 分/空，扣完为止) | | |
| 3. 制订计划 | 20 | 1. 人员分工有实效(5 分)<br>2. 未按作业项目进行人员分工(扣 2 分/项，扣完为止) | | |
| 4. 计划实施 | 40 | 1. 按步骤实施作业项目(5 分/项)<br>2. 按要求填写电梯轿厢和对重安装情况记录表(10 分)<br>3. 按要求填写电梯轿厢和对重安装质量检查记录表(10 分)<br>4. 表格错填、漏填(扣 2 分/空，扣完为止) | | |
| 5. 职业规范和环境保护 | 10 | 1. 在工作过程中工具和器材摆放凌乱(扣 3 分/次)<br>2. 不爱护设备、工具，不节省材料(扣 3 分/次)<br>3. 在工作完成后不清理现场，在工作中产生的废弃物不按规定处置(扣 2 分/次，将废弃物遗弃在工作现场的可扣 3 分/次) | | |
| 总评分＝(1~5 项总分)×40% | | | | |

签名：＿＿＿＿＿＿＿　＿＿＿＿＿＿年＿＿＿月＿＿＿日

## 2. 小组评价（30分）

再由同一实训小组的同学结合自评的情况进行互评，将评分值记录于表2-24中。

表2-24  小组评价表

| 项目内容 | 配分 | 评分 |
|---|---|---|
| 1. 工序记录与自我评价情况 | 10分 | |
| 2. 小组讨论中能积极发言 | 10分 | |
| 3. 小组完成轿厢和对重拼装作业 | 10分 | |
| 4. 小组成员认真进行轿厢和对重作业 | 10分 | |
| 5. 较好地与小组成员沟通 | 10分 | |
| 6. 完成操作任务 | 10分 | |
| 7. 遵守工作纪律 | 10分 | |
| 8. 安全意识与规范意识 | 10分 | |
| 9. 相互帮助与协作能力 | 10分 | |
| 10. 安全、质量意识责任心 | 10分 | |
| | 总评分=（1~10项总分）×30% | |

参加评价人员签名：_____  _____年___月___日

## 3. 教师评价（30分）

最后，由指导教师检查本组作业结果，结合自评与互评的结果进行综合评价，对实训过程出现的问题提出改进措施及建议，并将评价意见与评分值记录于表2-25中。

表2-25  教师评价表

| 序号 | 评价标准 | 评价结果 |
|---|---|---|
| 1 | 相关物品及资料交接齐全无误(5分) | |
| 2 | 安全、规范完成维护保养工作(5分) | |
| 3 | 轿厢和对重安装记录填写正确、无遗漏(5分) | |
| 4 | 团队分工明确、协作力强(5分) | |
| 5 | 轿厢和对重安装作业细致、无遗漏(5分) | |
| 6 | 完成并在记录单签字(5分) | |
| 综合评价 | 教师评分 | |
| 综合评语<br>（作业问题及改进建议） | | |

教师签名：_____  _____年___月___日

| 六、评价反馈 | 总得分： | （总评分=自我评分+小组评分+教师评分） |
|---|---|---|

请根据自己在课堂中的实际表现进行自我反思和自我评价。

自我反思：_____
_____
_____。

自我评价：_____
_____
_____。

# 学习任务 2.6　钢丝绳的安装

| 学校 | | 专业 | |
|---|---|---|---|
| 姓名 | | 学号 | |
| 小组成员 | | 组长姓名 | |

## 一、接受工作任务

### 1. 工作任务

施工工地现已完成轿厢和对重的安装，现计划开展电梯钢丝绳的安装作业，请结合施工情况，安装小组根据钢丝绳安装作业要求，实施安装作业。

### 2. 钢丝绳安装要点

1）安装曳引钢丝绳，按照选用长度截断钢丝绳，绳头按浇注巴氏合金法制作，需注意浇注前准备、浇注过程等。

2）实施过程中，按照要求完成自锁紧楔形绳头制作，其中包括钢丝绳穿入锥套、安装绳头拉杆、调整钢丝绳张力等。

3）实施限速器钢丝绳安装作业，安装过程中注意钢丝绳张力调整。

### 3. 电梯钢丝绳安装作业记录表

按轿架、轿厢、对重安装要求实施安装作业，安装后需核查曳引钢丝绳安装尺寸是否达到电梯运行要求，同时填写电梯钢丝绳安装质量检查记录表。

### 4. 作业注意事项

1）学生以 3~6 人为一组。

2）实训开始前应做好个人着装准备、场地准备和工具准备。

3）进入施工现场前，应先做好安全检查。

4）认真实施电梯曳引钢丝绳安装作业，不得遗漏。

5）团队作业应合理分配作业任务。

## 二、信息收集

1. 电梯曳引钢丝绳是连接_____和_____的装置，在电梯运行过程中，它承载着轿厢、对重等重量，曳引钢丝绳必须具备一定的强度。

2. 在曳引比为_____的电梯中，曳引钢丝绳在机房穿绕过曳引轮和导向轮，其中一端连接轿厢反绳轮，另一端连接对重反绳轮。

3. 曳引钢丝绳结构主要由_____、_____和_____组成。

4. GB 8903—2018 中规定电梯用钢丝绳可用 6×19S-FC 和 8×19S-FC，并且要求其公称直径不得小于 22mm。钢丝绳的绳股数量为_____股，每根绳股由_____条钢丝捻成。

5. 曳引轮的节圆直径与悬挂绳的公称直径之比不应小于_____。

6. 钢丝绳与其端接装置的接合处至少应能承受钢丝绳最小破断负荷的_____。

7. 钢丝绳曳引应满足轿厢装载至_____额定载荷的情况下保持平层状态不打滑。

8. 钢丝绳相对于绳槽的偏角不应大于_____。

9. 用_____来平衡张力，则弹簧应在压缩状态下工作。调节钢丝绳长度的装置在调节后，不应自行松动。

10. 钢丝绳长度选择利用数值进行估算，单根曳引钢丝绳长度=_____×井道全高。

11. 对于钢丝绳处理方法，在宽敞清洁的场地放开钢丝绳束盘，检查钢丝绳有无_____、打结、_____、松股现象。

12. 按照已测量好的钢丝绳长度，在距断绳两端_____处用铁丝进行绑扎，绑扎长度最少_____。

13. 绳头有多种形式，常用的有浇注巴氏合金的锥套、_____绳套、绳夹环套等。

14. 制作绳头前，应将钢丝绳擦拭干净，并悬挂于井道内消除_____，对高速电梯钢丝绳可不消除内应力，以保持钢丝绳标线的完整。

15. 巴氏合金式绳头锥套，确认钢丝绳折弯处凸出锥套浇注口_____，将熔化后的巴氏合金一次性浇注于锥套内，要求一次浇实，不允许分次浇注。

16. 待巴氏合金完全凝固后，再次检查浇注质量，表面应_____，有少许凹陷。

17. 对于楔块式绳头锥套，为了防止钢丝绳绳头的松散开来，应在距离绳头端部_____的地方用_____铁丝捆扎。_____

18. 距离钢丝绳端部_____位置处弯曲钢丝绳，然后将钢丝绳弯曲部分放入楔块槽内。

19. 将楔块与已经弯曲的钢丝绳一起放入锥套内，然后插入楔块的_____，将开口部分张开。

20. 用钢丝绳夹固定钢丝绳。当轿厢和对重全部负荷加上后，再拧紧钢丝绳固定绳夹，数量不少于____个，间隔为钢丝绳直径的_____倍，压紧端应在钢丝绳的受力侧。

21. 将两条钢丝绳用铁丝（φ0.5mm）捆扎在一起，捆扎宽度_____。

22. 在钢丝绳末端处用_____卷上几圈，使其不能绽开。

23. 将钢丝绳从轿厢顶部通过机房楼板绕过_____、_____至_____上端，两端连接牢靠。

24. 挂绳时注意多根钢丝绳间不要缠绕错位，绳头组合处需穿_____。

25. 调整绳头弹簧高度，使其_____保持一致。

26. 轿厢在井道2/3处，人站在轿厢顶用_____将对重侧钢丝绳逐根拉出_____距离，其相互的张力差不大于_____，张力不均衡会产生钢丝绳振动、钢丝绳寿命短、曳引轮磨损等问题。

27. 钢丝绳张力调整后，绳头用双螺母拧紧，穿好_____，并保证绳头杆丝扣留有必要的_____。

28. 安装限速器钢丝绳的前提条件是_____、_____的总装已完成；安装限速器钢丝绳应在电梯_____进行；限速器、张紧轮已经安装完毕。

## 三、制订计划

根据电梯曳引钢丝绳安装作业任务，合理做好人员分工，并实施好安装内容与步骤。

## 四、计划实施

步骤一：曳引钢丝绳安装作业。

步骤二：限速器联动钢丝绳安装作业。

步骤三：参照制订的小组作业计划，实施电梯钢丝绳安装作业，并填写电梯钢丝绳安装情况记录表，见表 2-26。

表 2-26　电梯钢丝绳安装情况记录表

| 组长 | | | 记录员 | | |
|---|---|---|---|---|---|
| 安监员 | | | 展示员 | | |
| 实施内容 | | | | | |
| | 操作步骤 | | 完成情况 | | |
| 锥形绳套安装 | 钢丝绳质量检查 | | □完成 | | □未完成 |
| | 切割、捆扎钢丝绳 | | □完成 | | □未完成 |
| | 弯折钢丝绳 | | □完成 | | □未完成 |
| | 预热锥套 | | □完成 | | □未完成 |
| | 防漏处理 | | □完成 | | □未完成 |
| | 熔化合金 | | □完成 | | □未完成 |
| | 注入巴氏合金 | | □完成 | | □未完成 |
| | 符合尺寸及检查浇注质量 | | □完成 | | □未完成 |
| 楔块锥套安装 | 检查曳引钢丝绳 | | □完成 | | □未完成 |
| | 弯折钢丝绳 | | □完成 | | □未完成 |
| | 插入楔块，并与钢丝绳一同装入锥套 | | □完成 | | □未完成 |
| | 安装钢丝绳夹 | | □完成 | | □未完成 |
| | 捆扎钢丝绳 | | □完成 | | □未完成 |
| | 末端缠绕胶带 | | □完成 | | □未完成 |
| | 锥套制作质量检查 | | □完成 | | □未完成 |
| | 安全文明操作 | | □完成 | | □未完成 |

步骤四：填写电梯钢丝绳安装质量检查记录表，见表 2-27。

表 2-27　电梯钢丝绳安装质量检查记录表

| 作业人员 | | 施工编号 | | |
|---|---|---|---|---|
| 项目名称 | | 施工时间 | | |
| 质量检查操作步骤 | | 检查情况 | | |
| 各零部件是否固定到位 | | □是 | | □否 |
| 曳引钢丝绳无伤痕、无油污、无扭结及畸变 | | □是 | | □否 |
| 绳头组合完整牢固 | | □是 | | □否 |
| 巴氏合金绳头制作是否符合要求 | | □是 | | □否 |
| 楔块式绳头制作是否符合要求 | | □是 | | □否 |
| 钢丝绳夹间距尺寸是否符合要求 | | □是 要求值：_____ mm 实测值：_____ mm | | □否 |
| 各曳引绳受力均匀，张力偏差值小于5% | | □是 要求值：_____ mm 实测值：_____ mm | | □否 |
| 限速器钢丝绳安装是否符合要求 | | □是 | | □否 |
| 质检结论:是否符合标准 | | □是 | | □否 |
| 说明 | 填表时需按照实际测量数据填表 | | | |
| 检查意见 | 日期： | 作业小组组长 | | |
| 复核 | | | | |

### 1. 自我评价（40分）

首先由学生根据学习任务完成情况进行自我评价，见表2-28。

**表2-28 自我评价表**

| 项目内容 | 配分 | 评分标准 | 扣分 | 得分 |
|---|---|---|---|---|
| 1. 工作纪律 | 10 | 1. 不遵守工作纪律要求(扣2分/次)<br>2. 有其他违反工作纪律的行为(扣2分/次) | | |
| 2. 信息收集 | 20 | 1. 利用网络资源、工艺手册等查找有效信息(5分)<br>2. 未填写信息收集记录(扣2分/空,扣完为止) | | |
| 3. 制订计划 | 20 | 1. 人员分工有实效(5分)<br>2. 未按作业项目进行人员分工(扣2分/项,扣完为止) | | |
| 4. 计划实施 | 40 | 1. 按步骤实施作业项目(5分/项)<br>2. 按要求填写电梯钢丝绳安装情况记录表(10分)<br>3. 按要求电梯钢丝绳安装质量检查记录表(10分)<br>4. 表格错填、漏填(扣2分/空,扣完为止) | | |
| 5. 职业规范和环境保护 | 10 | 1. 在工作过程中工具和器材摆放凌乱(扣3分/次)<br>2. 不爱护设备、工具,不节省材料(扣3分/次)<br>3. 在工作完成后不清理现场,在工作中产生的废弃物不按规定处置(扣2分/次),将废弃物遗弃在工作现场的可扣3分/次) | | |

总评分＝（1～5项总分）×40%

签名：_____  _____年___月___日

### 2. 小组评价（30分）

再由同一实训小组的同学结合自评的情况进行互评，将评分值记录于表2-29中。

**表2-29 小组评价表**

| 项目内容 | 配分 | 评分 |
|---|---|---|
| 1. 工序记录与自我评价情况 | 10分 | |
| 2. 小组讨论中能积极发言 | 10分 | |
| 3. 小组完成曳引钢丝绳绳头制作 | 10分 | |
| 4. 小组成员认真进行曳引钢丝绳安装作业 | 10分 | |
| 5. 较好地与小组成员沟通 | 10分 | |
| 6. 完成操作任务 | 10分 | |
| 7. 遵守工作纪律 | 10分 | |
| 8. 安全意识与规范意识 | 10分 | |
| 9. 相互帮助与协作能力 | 10分 | |
| 10. 安全、质量意识与责任心 | 10分 | |

总评分＝（1～10项总分）×30%

参加评价人员签名：_____  _____年___月___日

### 3. 教师评价（30分）

最后，由指导教师检查本组作业结果，结合自评与互评的结果进行综合评价，对实训过程出现的问题提出改进措施及建议，并将评价意见与评分值记录于表 2-30 中。

**表 2-30　教师评价表**

| 序号 | 评价标准 | 评价结果 |
|---|---|---|
| 1 | 相关物品及资料交接齐全无误(5分) | |
| 2 | 安全、规范完成维护保养工作(5分) | |
| 3 | 曳引钢丝绳安装记录填写正确、无遗漏(5分) | |
| 4 | 团队分工明确、协作力强(5分) | |
| 5 | 曳引钢丝绳安装作业细致、无遗漏(5分) | |
| 6 | 完成并在记录单签字(5分) | |
| 综合评价 | 教师评分 | |
| 综合评语<br>(作业问题及改进建议) | | |

教师签名：_____　_____年___月___日

---

| **六、评价反馈** | **总得分：** | （总评分=自我评分+小组评分+教师评分） |
|---|---|---|

请根据自己在课堂中的实际表现进行自我反思和自我评价。

自我反思：_____

_____

_____。

自我评价：_____

_____

_____。

# 学习任务 2.7 导靴的安装

| 学校 | | 专业 | |
|---|---|---|---|
| 姓名 | | 学号 | |
| 小组成员 | | 组长姓名 | |

**一、接受工作任务**

1. 工作任务

施工工地现已完成轿厢和对重的安装，现计划开展电梯导靴的安装作业，请结合施工情况，安装小组根据导靴安装作业要求，实施安装作业。

2. 导靴安装要点

1) 导靴内衬与导靴两工作侧面间隙应符合要求。

2) 滑动导靴安装时，要求上下导靴中心与安全钳中心三点在同一条垂线上，导靴与导轨顶面的间隙应符合要求。

3) 滚轮导靴安装时，要求两侧滚轮对导轨压紧后，两轮压簧力量应相同，压缩尺寸应符合要求。

3. 电梯导靴安装作业记录表

按上导靴、下导靴及滑动导靴和滚动导靴的要求实施安装作业，安装后需核查导靴安装尺寸是否达到电梯运行要求，同时填写电梯导靴安装质量检查记录表。

4. 作业注意事项

1) 学生以 3~6 人为一组。

2) 实训开始前应做好个人着装准备、场地准备和工具准备。

3) 进入施工现场前，应先做好安全检查。

4) 认真实施电梯导靴安装作业，不得遗漏。

5) 团队作业应合理分配作业任务。

**二、信息收集**

1. _____是引导轿厢和对重沿导轨运行的装置，轿厢和对重的负载偏心所产生的力通过_____传递到导轨上。

2. 轿厢导靴由两对_____组成，分别安装在轿厢_____和轿厢_____安全钳座下面。

3. 对重导靴由两对四个组成，分别安装在对重架_____和_____。

4. 导靴按其在导轨工作面上的运动方式，可分为_____和_____。

5. 固定式滑动导靴主要由_____、_____组成，固定式弹性滑动导靴由靴座、靴轴、_____或橡胶弹簧、调节套或_____组成。

6. 简单型_____滑动导靴，结构比较简单，靴头和靴座制成一体。

7. 简单型_____滑动导靴，在靴头的凹形槽内镶嵌有减磨材料，如尼龙等制成的靴衬，必要时可仅更换靴衬。

8. 刚性（固定）滑动导靴，靴头没有调节的机构，是不动的，导靴与导轨之间必须存有一定间隙，固定式导靴只用于额定速度低于_____的轿厢或对重。

9. 弹性滑动导靴，由靴座、靴头、靴衬、靴轴、压缩弹簧或橡胶弹簧、调节套或调节螺母等组成，弹性滑动导靴分为_____滑动导靴和_____滑动导靴两种。

10. 滑动导靴安装要求：

1）四个导靴应安装在上、下_____上，不应有歪斜现象。

2）固定式导靴安装时要保证_____与_____间隙上、下一致，若达不到要求，要用垫片进行调整，每对固定滑动导靴与导轨顶面两侧间隙之和为_____。

3）弹性滑动导靴的滑块面与导轨顶面应_____间隙，每个导靴弹簧的伸缩范围不大于_____。

11. 滚动导靴由_____、轮轴、轮臂、_____、弹簧、_____组成。

12. 滚动导靴安装要求：

1）滚动式导靴安装要平整，两侧滚轮对导轨的初压力应_____，在整个轮沿宽度上与导轨工作面_____接触。

2）调整滚轮的限位螺栓，使顶面滚轮水平移动范围为____，左右水平移动为_____。

3）配合轿厢架或对重的平衡调整，调整滚轮的弹簧压力应_____，避免导靴单边受压_____。

4）导轨端面滚轮与端面间允许有_____的间隙。

5）采用滚动导靴的导轨必须完全清除_____。

## 三、制订计划

根据电梯导靴安装作业任务，合理做好人员分工，并实施好安装作业内容与步骤。

## 四、计划实施

步骤一：下部导靴安装作业。

步骤二：上部导靴安装作业。

步骤三：参照制订的小组作业计划，实施电梯导靴安装作业，并填写电梯导靴安装情况记录表，见表2-31。

表2-31　电梯导靴安装情况记录表

| 组长 | | 记录员 | |
|---|---|---|---|
| 安监员 | | 展示员 | |
| 实施内容 | | | |
| 操作步骤 | | 完成情况 | |
| 导靴安装 | 导靴安装前质量检查 | □完成 | □未完成 |
| | 安装轿厢上、下导靴 | □完成 | □未完成 |
| | 轿厢导靴安装质量检查 | □完成 | □未完成 |
| | 安装对重上、下导靴 | □完成 | □未完成 |
| | 对重导靴安装质量检查 | □完成 | □未完成 |
| | 滑动导靴安装质量检查 | □完成 | □未完成 |
| | 弹簧式滑动导靴安装质量检查 | □完成 | □未完成 |
| | 滚动导靴安装质量检查 | □完成 | □未完成 |
| | 安全文明操作 | □完成 | □未完成 |

步骤四：填写电梯导靴安装质量检查记录表，见表2-32。

**表 2-32　电梯导靴安装质量检查记录表**

| 作业人员 | | 施工编号 | |
|---|---|---|---|
| 项目名称 | | 施工时间 | |
| 质量检查操作步骤 | | 检查情况 | |
| 导靴各安装部件是否固定到位 | | □是　　　□否 | |
| 轿厢上、下导靴安装质量是否符合要求 | | □是　　　□否 | |
| 轿厢导靴与导轨间隙是否符合要求 | | □是　　　□否<br>要求值：＿＿＿＿＿＿＿＿ mm<br>实测值：＿＿＿＿＿＿＿＿ mm | |
| 对重上、下导靴安装质量是否符合要求 | | □是　　　□否 | |
| 弹簧式滑动导靴弹簧压缩量是否符合要求 | | □是　　　□否<br>要求值：＿＿＿＿＿＿＿＿ mm<br>实测值：＿＿＿＿＿＿＿＿ mm | |
| 滚动导靴安装质量是否符合要求 | | □是　　　□否 | |
| 滚动导靴两侧滚轮对导轨的初压力是否符合要求 | | □是　　　□否<br>要求值：＿＿＿＿＿＿＿＿ mm<br>实测值：＿＿＿＿＿＿＿＿ mm | |
| 质检结论:是否符合标准 | | □是　　　□否 | |
| 说明 | 填表时需按照实际测量数据填表 | | |
| 检查<br>意见 | 日期： | 作业小组 | |
| | | 组长 | |
| 复核 | | | |

## 五、质量检查

### 1. 自我评价（40分）

首先由学生根据学习任务完成情况进行自我评价，见表2-33。

**表 2-33　自我评价表**

| 项目内容 | 配分 | 评分标准 | 扣分 | 得分 |
|---|---|---|---|---|
| 1. 工作纪律 | 10 | 1. 不遵守工作纪律要求(扣2分/次)<br>2. 有其他违反工作纪律的行为(扣2分/次) | | |
| 2. 信息收集 | 20 | 1. 利用网络资源、工艺手册等查找有效信息(5分)<br>2. 未填写信息收集记录(扣2分/空,扣完为止) | | |
| 3. 制订计划 | 20 | 1. 人员分工有实效(5分)<br>2. 未按作业项目进行人员分工(扣2分/项,扣完为止) | | |
| 4. 计划实施 | 40 | 1. 按步骤实施作业项目(5分/项)<br>2. 按要求填写电梯导靴安装情况记录表(10分)<br>3. 按要求填写电梯导靴安装质量检查记录表(10分)<br>4. 表格错填、漏填(扣2分/空,扣完为止) | | |
| 5. 职业规范和环境保护 | 10 | 1. 在工作过程中工具和器材摆放凌乱(扣3分/次)<br>2. 不爱护设备、工具,不节省材料(扣3分/次)<br>3. 在工作完成后不清理现场,在工作中产生的废弃物不按规定处置(扣2分/次),将废弃物遗弃在工作现场的可扣3分/次) | | |
| | | 总评分＝(1～5项总分)×40% | | |

签名：＿＿＿＿＿＿＿　＿＿＿＿＿＿＿年＿＿＿月＿＿＿日

## 2. 小组评价（30分）

再由同一实训小组的同学结合自评的情况进行互评，将评分值记录于表2-34中。

**表2-34 小组评价表**

| 项目内容 | 配分 | 评分 |
|---|---|---|
| 1. 工序记录与自我评价情况 | 10分 | |
| 2. 小组讨论中能积极发言 | 10分 | |
| 3. 小组完成导靴安装调整作业 | 10分 | |
| 4. 小组成员认真进行导靴安装调整作业 | 10分 | |
| 5. 较好地与小组成员沟通 | 10分 | |
| 6. 完成操作任务 | 10分 | |
| 7. 遵守工作纪律 | 10分 | |
| 8. 安全意识与规范意识 | 10分 | |
| 9. 相互帮助与协作能力 | 10分 | |
| 10. 安全、质量意识与责任心 | 10分 | |
| | 总评分=（1~10项总分）×30% | |

参加评价人员签名：＿＿＿＿＿ ＿＿＿＿＿年＿＿月＿＿日

## 3. 教师评价（30分）

最后，由指导教师检查本组作业结果，结合自评与互评的结果进行综合评价，对实训过程出现的问题提出改进措施及建议，并将评价意见与评分值记录于表2-35中。

**表2-35 教师评价表**

| 序号 | 评价标准 | 评价结果 |
|---|---|---|
| 1 | 相关物品及资料交接齐全无误（5分） | |
| 2 | 安全、规范完成维护保养工作（5分） | |
| 3 | 导靴安装记录填写正确、无遗漏（5分） | |
| 4 | 团队分工明确、协作力强（5分） | |
| 5 | 导靴安装作业细致、无遗漏（5分） | |
| 6 | 完成并在记录单签字（5分） | |
| 综合评价 | 教师评分 | |
| 综合评语<br>（作业问题及改进建议） | | |

教师签名：＿＿＿＿＿ ＿＿＿＿＿年＿＿月＿＿日

## 六、评价反馈 　　总得分： 　　（总评分=自我评分+小组评分+教师评分）

请根据自己在课堂中的实际表现进行自我反思和自我评价。

自我反思：＿＿＿＿＿＿＿＿＿＿＿＿＿＿＿＿＿＿＿＿＿＿＿＿＿＿＿＿

＿＿＿＿＿＿＿＿＿＿＿＿＿＿＿＿＿＿＿＿＿＿＿＿＿＿＿＿＿＿＿＿＿＿

＿＿＿＿＿＿＿＿＿＿＿＿＿＿＿＿＿＿＿＿＿＿＿＿＿＿＿＿＿＿＿＿。

自我评价：＿＿＿＿＿＿＿＿＿＿＿＿＿＿＿＿＿＿＿＿＿＿＿＿＿＿＿＿

＿＿＿＿＿＿＿＿＿＿＿＿＿＿＿＿＿＿＿＿＿＿＿＿＿＿＿＿＿＿＿＿＿＿

＿＿＿＿＿＿＿＿＿＿＿＿＿＿＿＿＿＿＿＿＿＿＿＿＿＿＿＿＿＿＿＿。

# 学习任务 2.8 限速器和安全钳的安装

| 学校 | | 专业 | |
|---|---|---|---|
| 姓名 | | 学号 | |
| 小组成员 | | 组长姓名 | |

## 一、接受工作任务

1. 工作任务

施工工地现已完成轿厢和对重的安装，现计划开展电梯限速器和安全钳的安装作业，请结合施工情况，安装小组根据限速器和安全钳安装作业要求，实施安装作业。

2. 限速器和安全钳安装要点

1）限速绳张紧装置的安装和调整要求。

2）张紧装置安装注意事项。

3）安全钳安装要求与间隙调整。

4）安全钳限速器联动功能调整测试。

3. 电梯限速器和安全钳安装作业记录表

按张紧轮、限速器和安全钳的安装要求实施安装作业，安装后需核查限速器和安全钳安装尺寸是否达到电梯运行要求，同时填写电梯限速器和安全钳安装质量检查记录表。

4. 作业注意事项

1）学生以 3~6 人为一组。

2）实训开始前应做好个人着装准备、场地准备和工具准备。

3）进入施工现场前，应先做好安全检查。

4）认真实施电梯限速器和安全钳安装作业，不得遗漏。

5）团队作业应合理分配作业任务。

## 二、信息收集

1. 轿厢应装有能在下行时动作的_____，在达到限速器动作速度时，甚至在悬挂装置断裂的情况下，安全钳应能_____导轨使装有额定载重量的轿厢制动并保持静止状态。

2. 对重也应设置仅能在其下行时动作的_____，在达到限速器动作速度时（或者悬挂装置断裂时），安全钳应能通过夹紧导轨而使_____制动并保持静止状态。

3. 若轿厢装有数套安全钳，则它们应全部是_____的。

4. 若电梯额定速度大于_____，轿厢应采用渐进式安全钳。

5. 若电梯额定速度小于或等于 0.63m/s，轿厢可采用_____。

6. 若额定速度大于_____，对重安全钳应是渐进式的，其他情况下，可以是瞬时式的。

7. 轿厢和对重安全钳的动作应由各自的＿＿＿＿＿＿来控制。

8. 安全钳动作后的释放需经＿＿＿＿＿＿进行。

9. 只有将轿厢或对重＿＿＿＿＿，才能使轿厢或对重上的安全钳释放并＿＿＿＿＿＿。

10. ＿＿＿＿＿＿是操纵轿厢安全钳动作的部件，限速器动作应发生在速度超出额定速度的＿＿＿＿＿＿。

11. 对重安全钳的限速器动作速度应＿＿＿＿＿＿轿厢安全钳的限速器动作速度，不得超过＿＿＿＿＿＿。

12. 限速器动作时，限速器绳的张力不得小于安全钳起作用所需力的两倍或＿＿＿＿。

13. 限速器上应标明与安全钳动作相应的＿＿＿＿＿＿，限速器应由限速器钢丝绳驱动。

14. 限速器钢丝绳的最小破断负荷与限速器动作时产生的限速器钢丝绳＿＿＿＿＿＿有关，其安全系数不应小于＿＿＿＿＿＿。

15. 限速器绳的公称直径不应小于＿＿＿＿＿＿。

16. 限速器绳轮的节圆直径与绳的公称直径之比不应小于＿＿＿＿＿＿。

17. 限速器钢丝绳应用张紧轮张紧，张紧轮应有＿＿＿＿＿＿装置。

18. 限速器动作前的响应时间应足够短，不允许在＿＿＿＿＿＿动作前达到危险的速度。

19. 用＿＿＿＿＿＿提拉力拉动安全钳连杆拉臂，整个机构动作灵活，联动开关也能同时动作。

20. 正常情况下楔块与导轨侧工作面间隙应均匀，且应在＿＿＿＿＿＿内。

21. 限速器在出厂时均应进行严格的检查和＿＿＿＿＿＿，安装前应检查出铅封印是否完好，安装时不随意调整限速器＿＿＿＿＿＿，以免影响限速器的作用。

22. 根据土建布置要求，将限速器安放在机房楼楼板上，可将限速器直接安装在＿＿＿＿＿＿或托架上，如无预埋件，可用 M16 螺丝穿楼板对夹。

23. 限速器绳轮垂直度允许误差应不大于＿＿＿＿＿＿。

24. 安装限速器的位置误差，在前后、左右方向应不大于＿＿＿＿＿＿。

25. 从限速器轮槽里放下一根铅垂线，通过楼板到轿厢架＿＿＿＿＿＿中心点，再与底坑张紧装置的轮槽对正。

26. 在机房从限速器孔（主轨侧）放下钢丝绳，在轿顶与连接器连接后放到底坑，将另一端钢丝绳放下后悬挂到限速器轮上，在底坑穿过张紧轮后与连接器连接，调整＿＿＿＿＿＿尺寸，连接器移动到轿顶与安全钳＿＿＿＿＿＿连接。

27. 限速器钢丝绳安装需注意以下几点：

1）限速器钢丝绳距导轨的距离误差两个方向均不超过＿＿＿＿＿＿。

2）钢丝绳头用三只＿＿＿＿＿＿夹头固定。

3）限速器张紧装置安装在底坑的轿厢导轨上，距底坑地平面的高度应按速度 $v \leq 1m/s$，距底坑高度＿＿＿＿＿＿；速度为 $1m/s < v \leq 1.75m/s$ 时，距底坑高度＿＿＿＿＿＿；速度 $v > 1.75m/s$ 时，距底坑高度＿＿＿＿＿＿。

4）张紧设备的轮架，应保证在导轨上＿＿＿＿＿＿运动。

5）调整张紧装置的断绳安全开关于适当位置，当绳索伸长或折断时切断_____的电源，迫使电梯停止运行。

6）电梯正常运行时限速器的绳索不应触及其机构的_____装置。

28. 将安全钳楔块分别放入安全钳内，使楔块拉杆与提拉杆拉条相接，再把导靴全部装上，并调整各楔块拉杆螺母，用塞尺检查，使楔块面与导轨之侧面间隙_____，并将提拉杆装上，接着旋紧全部螺栓，调整弹簧螺母，使安全钳提拉力为_____。

29. 安全钳楔块与导轨间隙超标时，检查安全钳_____，确认楔块在全行程上运动顺畅，无任何_____现象。

## 三、制订计划

根据电梯限速器和安全钳安装作业任务，合理做好人员分工，并实施好安装作业内容与步骤。

## 四、计划实施

步骤一：限速器安装作业。

步骤二：安全钳安装作业。

步骤三：参照制订的小组作业计划，实施电梯限速器和安全钳安装作业，并填写电梯限速器和安全钳安装情况记录表，见表2-36。

表2-36 电梯限速器和安全钳安装情况记录表

| 组长 | | 记录员 | |
|---|---|---|---|
| 安监员 | | 展示员 | |
| 实施内容 | | | |

| | 操作步骤 | 完成情况 | |
|---|---|---|---|
| 安全钳与限速器安装 | 限速器安装质量检查 | □完成 | □未完成 |
| | 限速器垂直度检查 | □完成 | □未完成 |
| | 限速器安装位置检查 | □完成 | □未完成 |
| | 限速器钢丝绳质量检查 | □完成 | □未完成 |
| | 限速器钢丝绳与导轨距离检查 | □完成 | □未完成 |
| | 限速器钢丝绳夹安装质量检查 | □完成 | □未完成 |
| | 张紧轮安装质量检查 | □完成 | □未完成 |
| | 张紧轮离地高度检查 | □完成 | □未完成 |
| | 安全钳安装质量检查 | □完成 | □未完成 |
| | 安全钳楔块与导轨间隙检查 | □完成 | □未完成 |
| | 安全钳吃入深度检查 | □完成 | □未完成 |
| | 安全文明操作 | □完成 | □未完成 |

步骤四：填写电梯限速器和安全钳安装质量检查记录表，见表2-37。

表 2-37  电梯限速器和安全钳安装质量检查记录表

| 作业人员 | | 施工编号 | |
|---|---|---|---|
| 项目名称 | | 施工时间 | |

| 质量检查操作步骤 | 检查情况 | |
|---|---|---|
| 限速器、安全钳、张紧轮、钢丝绳安装部件是否固定到位 | □是 | □否 |
| 限速器、安全钳、张紧轮、钢丝绳安装质量是否符合要求 | □是 | □否 |
| 限速器垂直度是否符合安装要求 | □是  □否<br>要求值:_____ mm<br>实测值:_____ mm | |
| 限速器安装位置是否符合安装要求 | □是  □否<br>要求值:_____ mm<br>实测值:_____ mm | |
| 限速器钢丝绳与导轨距离是否符合安装要求 | □是  □否<br>要求值:_____ mm<br>实测值:_____ mm | |
| 限速器钢丝绳夹安装质量是否符合安装要求 | □是  □否 | |
| 张紧轮离地高度是否符合安装要求 | □是  □否<br>要求值:_____ mm<br>实测值:_____ mm | |
| 安全钳楔块与导轨间隙是否符合安装要求 | □是  □否<br>要求值:_____ mm<br>实测值:_____ mm | |
| 安全钳吃入深度是否符合安装要求 | □是  □否<br>要求值:_____ mm<br>实测值:_____ mm | |
| 质检结论:是否符合标准 | □是  □否 | |
| 说明 | 填表时需按照实际测量数据填表 | |
| 检查<br>意见 | 日期: | 作业小组 | |
| | | 组长 | |
| 复核 | | | |

## 五、质量检查

### 1. 自我评价（40分）

首先由学生根据学习任务完成情况进行自我评价，见表2-38。

表 2-38  自我评价表

| 项目内容 | 配分 | 评分标准 | 扣分 | 得分 |
|---|---|---|---|---|
| 1. 工作纪律 | 10 | 1. 不遵守工作纪律要求(扣2分/次)<br>2. 有其他违反工作纪律的行为(扣2分/次) | | |
| 2. 信息收集 | 20 | 1. 利用网络资源、工艺手册等查找有效信息(5分)<br>2. 未填写信息收集记录(扣2分/空,扣完为止) | | |
| 3. 制订计划 | 20 | 1. 人员分工有实效(5分)<br>2. 未按作业项目进行人员分工(扣2分/项,扣完为止) | | |
| 4. 计划实施 | 40 | 1. 按步骤实施作业项目(5分/项)<br>2. 按要求填写电梯限速器和安全钳安装情况记录表(10分)<br>3. 按要求填写电梯限速器和安全钳安装质量检查记录表(10分)<br>4. 表格错填、漏填(扣2分/空,扣完为止) | | |
| 5. 职业规范和环境保护 | 10 | 1. 在工作过程中工具和器材摆放凌乱(扣3分/次)<br>2. 不爱护设备、工具,不节省材料(扣3分/次)<br>3. 在工作完成后不清理现场,在工作中产生的废弃物不按规定处置(扣2分/次,将废弃物遗弃在工作现场的可扣3分/次) | | |
| 总评分＝(1~5项总分)×40% | | | | |

签名:_____   _____年____月____日

## 2. 小组评价（30分）

再由同一实训小组的同学结合自评的情况进行互评，将评分值记录于表2-39中。

**表2-39　小组评价表**

| 项目内容 | 配分 | 评分 |
|---|---|---|
| 1. 工序记录与自我评价情况 | 10分 | |
| 2. 小组讨论中能积极发言 | 10分 | |
| 3. 小组完成限速器张紧轮安装调整作业 | 10分 | |
| 4. 小组成员认真进行限速器张紧轮安装调整作业 | 10分 | |
| 5. 较好地与小组成员沟通 | 10分 | |
| 6. 完成操作任务 | 10分 | |
| 7. 遵守工作纪律 | 10分 | |
| 8. 安全意识与规范意识 | 10分 | |
| 9. 相互帮助与协作能力 | 10分 | |
| 10. 安全、质量意识与责任心 | 10分 | |
| | 总评分＝（1～10项总分）×30% | |

**参加评价人员签名：_____　_____年___月___日**

## 3. 教师评价（30分）

最后，由指导教师检查本组作业结果，结合自评与互评的结果进行综合评价，对实训过程出现的问题提出改进措施及建议，并将评价意见与评分值记录于表2-40中。

**表2-40　教师评价表**

| 序号 | 评价标准 | 评价结果 |
|---|---|---|
| 1 | 相关物品及资料交接齐全无误(5分) | |
| 2 | 安全、规范完成维护保养工作(5分) | |
| 3 | 限速器和安全钳安装记录填写正确、无遗漏(5分) | |
| 4 | 团队分工明确、协作力强(5分) | |
| 5 | 限速器和安全钳安装作业细致、无遗漏(5分) | |
| 6 | 完成并在记录单签字(5分) | |
| 综合评价 | 教师评分 | |
| 综合评语<br>（作业问题及改进建议） | | |

**教师签名：_____　_____年___月___日**

| **六、评价反馈** | **总得分：** | （总评分＝自我评分+小组评分+教师评分） |
|---|---|---|

请根据自己在课堂中的实际表现进行自我反思和自我评价。

自我反思：_____
_____
_____。

自我评价：_____
_____
_____。

# 学习任务2.9 缓冲器的安装

| 学校 | | 专业 | |
|---|---|---|---|
| 姓名 | | 学号 | |
| 小组成员 | | 组长姓名 | |

## 一、接受工作任务

1. 工作任务

施工工地现已完成轿厢和对重的安装，现计划开展电梯缓冲器的安装作业，请结合施工情况，安装小组根据缓冲器安装作业要求，实施安装作业。

2. 缓冲器安装要点

1）确定缓冲器安装类型。

2）确定缓冲器安装位置。

3）缓冲器安装位置调整。

3. 电梯缓冲器安装作业记录表

按缓冲器的安装要求实施安装作业，安装后需核查缓冲器安装尺寸是否达到电梯运行要求，同时填写电梯缓冲器安装质量检查记录表。

4. 作业注意事项

1）学生以3~6人为一组。

2）实训开始前应做好个人着装准备、场地准备和工具准备。

3）进入施工现场前，应先做好安全检查。

4）认真实施电梯缓冲器安装作业，不得遗漏。

5）团队作业应合理分配作业任务。

## 二、信息收集

1. 缓冲器是电梯_____安全保护装置，电梯下行失控撞到底坑时，缓冲器吸收或消耗电梯下降的_____，使轿厢减速缓冲停在缓冲器上。

2. 电梯缓冲器主要分为油压缓冲器、_____和_____缓冲器。

3. _____适应各种速度、吨位要求的场合，应用比较普遍。

4. 弹簧和聚氨酯缓冲器用于_____。

5. 在电梯安装过程中，_____和聚氨酯缓冲器安装方法相同，且聚氨酯缓冲器使用较多。

6. 轿厢部分：将缓冲器底座固定在已灌制好水泥的缓冲器下底座上，确认缓冲器座的水平度在_____之内。

7. 对重部分：直接将缓冲器与已灌制好的_____连接固定，确认缓冲器座的水平度在1/1000之内。

8. 对于轿厢缓冲器，应使其在导轨中心线方向的偏差_____，在前后方向（垂直于导轨中心线方向）只能向厅门方向偏移，且偏移值_____。

9. 对于对重缓冲器，应使其相对于对重缓冲器下底座的偏心值_____。

10. 油压缓冲器应注入_____油，直到油量达到_____为止。

11. 油压缓冲器分别固定在相应缓冲器支座上。缓冲距为_____。油压缓冲器安装要_____，用水平仪和铅垂线调节缓冲器，使柱塞垂直度不超过柱塞全长的_____，可用垫片调整，垂直度误差小于_____。

12. 轿厢侧使用两个缓冲器时，应确认两个缓冲器之间的相互高度差在_____以内，在同一基础上安装两个油压缓冲器时，其水平度误差不超过_____。

13. 油压缓冲器安装前，应检查_____和_____情况，必要时进行清洗，加油后，放油孔不得有漏油现象，充液量正确。

14. 缓冲器撞板中心与轿厢、对重的撞板中心的偏差不大于_____。

15. 弹簧缓冲器缓冲距为_____。

16. 弹簧缓冲器要垂直，垂直度不超过_____。

17. 缓冲器中心应对准轿架或对重的缓冲座的中心，其误差不超过_____。

18. 缓冲器的电气安全开关，应保证在缓冲器动作后_____到正常位置时使电梯不能正常运行。

19. 安装对重缓冲器时，应将缓冲器的电气开关朝向_____异向侧。

## 三、制订计划

根据电梯缓冲器安装作业任务，合理做好人员分工，并实施好安装内容与步骤。

## 四、计划实施

步骤一：缓冲器的安装与调整作业。

步骤二：参照制订的小组作业计划，实施电梯缓冲器安装作业，并填写电梯缓冲器安装情况记录表，见表2-41。

表2-41  电梯缓冲器安装情况记录表

| 组长 | | 记录员 | |
|---|---|---|---|
| 安监员 | | 展示员 | |
| 实施内容 | | | |
| 操作步骤 | | 完成情况 | |
| 缓冲器安装 | 缓冲器质量检查 | □完成 | □未完成 |
| | 缓冲器各部件紧固情况 | □完成 | □未完成 |
| | 缓冲器安装位置检查 | □完成 | □未完成 |
| | 缓冲器垂直度检查 | □完成 | □未完成 |
| | 缓冲器水平度检查 | □完成 | □未完成 |
| | 缓冲器油液检查 | □完成 | □未完成 |
| | 缓冲器电气开关检查 | □完成 | □未完成 |
| | 安全文明操作 | □完成 | □未完成 |

步骤三：填写电梯缓冲器安装质量检查记录表，见表2-42。

## 表 2-42　电梯缓冲器安装质量检查记录表

| 作业人员 | | 施工编号 | |
|---|---|---|---|
| 项目名称 | | 施工时间 | |

| 质量检查操作步骤 | 检查情况 | |
|---|---|---|
| 缓冲器安装部件是否固定到位 | □是　□否 | |
| 缓冲器安装质量是否符合要求 | □是　□否 | |
| 缓冲器垂直度是否符合安装要求 | □是　　　□否 | 要求值：_____mm<br>实测值：_____mm |
| 缓冲器水平度是否符合安装要求 | □是　　　□否 | 要求值：_____mm<br>实测值：_____mm |
| 缓冲器安装位置是否符合安装要求 | □是　　　□否 | 要求值：_____mm<br>实测值：_____mm |
| 油压缓冲器油液检查是否符合要求 | □是　□否 | |
| 缓冲器电气开关位置是否符合要求 | □是　□否 | |
| 质检结论:是否符合标准 | □是　□否 | |

| 说明 | 填表时需按照实际测量数据填表 | | |
|---|---|---|---|
| 检查<br>意见 | 日期： | 作业小组 | |
| | | 组长 | |
| 复核 | | | |

## 五、质量检查

### 1. 自我评价（40分）

首先由学生根据学习任务完成情况进行自我评价，见表2-43。

#### 表 2-43　自我评价表

| 项目内容 | 配分 | 评 分 标 准 | 扣分 | 得分 |
|---|---|---|---|---|
| 1. 工作纪律 | 10 | 1. 不遵守工作纪律要求(扣2分/次)<br>2. 有其他违反工作纪律的行为(扣2分/次) | | |
| 2. 信息收集 | 20 | 1. 利用网络资源、工艺手册等查找有效信息(5分)<br>2. 未填写信息收集记录(扣2分/空,扣完为止) | | |
| 3. 制订计划 | 20 | 1. 人员分工有实效(5分)<br>2. 未按作业项目进行人员分工(扣2分/项,扣完为止) | | |
| 4. 计划实施 | 40 | 1. 按步骤实施作业项目(5分/项)<br>2. 按要求填写电梯缓冲器安装情况记录表(10分)<br>3. 按要求填写电梯缓冲器安装质量检查记录表(10分)<br>4. 表格错填、漏填(扣2分/空,扣完为止) | | |
| 5. 职业规范和环境<br>保护 | 10 | 1. 在工作过程中工具和器材摆放凌乱(扣3分/次)<br>2. 不爱护设备、工具,不节省材料(扣3分/次)<br>3. 在工作完成后不清理现场,在工作中产生的废弃物不按规定处置(扣2分/次,将废弃物遗弃在工作现场的可扣3分/次) | | |
| 总评分 =(1~5项总分)×40% | | | | |

签名：_____　_____年____月____日

## 2. 小组评价（30分）

再由同一实训小组的同学结合自评的情况进行互评，将评分值记录于表2-44中。

**表2-44 小组评价表**

| 项目内容 | 配分 | 评分 |
|---|---|---|
| 1. 工序记录与自我评价情况 | 10分 | |
| 2. 小组讨论中能积极发言 | 10分 | |
| 3. 小组完成缓冲器安装调整作业 | 10分 | |
| 4. 小组成员认真进行缓冲器安装调整作业 | 10分 | |
| 5. 较好地与小组成员沟通 | 10分 | |
| 6. 完成操作任务 | 10分 | |
| 7. 遵守工作纪律 | 10分 | |
| 8. 安全意识与规范意识 | 10分 | |
| 9. 相互帮助与协作能力 | 10分 | |
| 10. 安全、质量意识与责任心 | 10分 | |
| | 总评分＝（1～10项总分）×30% | |

**参加评价人员签名：_____ _____ 年___月___日**

## 3. 教师评价（30分）

最后，由指导教师检查本组作业结果，结合自评与互评的结果进行综合评价，对实训过程出现的问题提出改进措施及建议，并将评价意见与评分值记录于表2-45中。

**表2-45 教师评价表**

| 序号 | 评价标准 | 评价结果 |
|---|---|---|
| 1 | 相关物品及资料交接齐全无误（5分） | |
| 2 | 安全、规范完成维护保养工作（5分） | |
| 3 | 缓冲器安装记录填写正确、无遗漏（5分） | |
| 4 | 团队分工明确、协作力强（5分） | |
| 5 | 缓冲器安装作业细致、无遗漏（分） | |
| 6 | 完成并在记录单签字（5分） | |
| 综合评价 | 教师评分 | |
| 综合评语（作业问题及改进建议） | | |

**教师签名：_____ _____ 年___月___日**

| 六、评价反馈 | **总得分：** | （总评分＝自我评分＋小组评分＋教师评分） |
|---|---|---|

请根据自己在课堂中的实际表现进行自我反思和自我评价。

自我反思：_____
_____
_____。

自我评价：_____
_____
_____。

# 学习任务3.1　机房内电气安装

| 学校 | | 专业 | |
|---|---|---|---|
| 姓名 | | 学号 | |
| 小组成员 | | 组长姓名 | |

## 一、接受工作任务

1. 工作任务

电梯安装施工工地现已完成电梯机械部分安装，现计划开展电梯机房内电气安装作业，请结合施工情况，安装小组根据电梯电气安装作业要求，实施机房内电气安装作业。

2. 机房内电气安装要点

1) 安装控制柜，需根据机房布置图及现场情况确定控制柜位置，并控制好安装尺寸。

2) 安装电源配电箱，需保证配电箱安装在机房门口附近，并符合要求。

3) 按机房布线图在机房地面铺设线槽，线槽应安装牢固。

4) 敷设电缆，线槽内电缆需注意放置位置，线槽接头应严密并做可靠的跨接地线。

3. 机房内电气安装作业记录表

根据机房内电气安装作业内容，按控制柜、机房布线安装要求实施电气安装作业，安装后需核查控制柜安装、电气安装是否符合要求，同时填写机房内电气安装质量检查记录表。

4. 作业注意事项

1) 学生以3~6人为一组。

2) 实训开始前应做好个人着装准备、场地准备和工具准备。

3) 进入施工现场前，应先做好安全检查。

4) 认真实施机房内电气安装作业，不得遗漏。

5) 团队作业应合理分配作业任务。

## 二、信息收集

1. 电气设备及安全部件安装，主要包括＿＿＿＿＿＿＿＿＿安装、井道内电气设备安装、层站电气设备安装。

2. 机房电气设备安装主要包括＿＿＿＿＿＿、＿＿＿＿＿＿、电源开关的安装。

3. 动力电路主开关及其从属电路和＿＿＿＿＿＿电路开关及其从属电路属于电气安装和电气设备组成部件。

4. 在机房内，必须采用＿＿＿＿＿＿来防止触电。

5. 电气安装的绝缘电阻应测量每个通电导体与＿＿＿＿＿＿之间的电阻。

6. 对于控制电路和安全电路，导体之间或导体与地之间的直流电压平均值和交流电压有效值均不应大于＿＿＿＿＿＿。

7. 中性线和＿＿＿＿＿＿应始终分开。

8. 根据机房布置图及现场情况确定＿＿＿＿＿＿位置，与门窗、墙的距离不小于＿＿＿＿＿＿，控制柜的维护侧与墙壁的距离不小于＿＿＿＿＿＿。

9. 柜的封闭侧不小于_____，双面维护的控制柜成排安装时，其长度超过 5m，两端宜留出入通道宽度不小于_____，控制柜与设备的距离不宜小于_____。

10. 控制柜的过线盒要按安装图的要求用膨胀螺栓固定在_____地面上。

11. 若无控制柜过线盒，则要用_____槽钢制作控制柜底座或混凝土底座，底座高度为_____。

12. 控制柜与混凝土底座采用_____连接固定。

13. 多台柜并排安装时，其间应无明显_____且柜面应在同一平面上。

14. 电源配电箱要安装在机房门口附近，以便于操作，高度距地面_____。

15. 每台电梯单独设置_____和通风、轿顶与底坑_____、电梯井道照明、报警装置等电气开关，开关容量应符合电源负荷要求。

16. 电梯电气装置的配线，应使用额定电压不低于_____的铜芯绝缘导线。

17. 机房和井道内的配线应使用电线管或_____保护，严禁使用可燃性材料制成的电线管或电线槽。

18. 铁制电线槽沿机房地面敷设时，其壁厚不得小于_____。

19. 不易受机械损伤的分支线路可使用软管保护，但长度不应超过_____。同时通往轿顶的配线应走向合理，防护可靠。

20. 电线管、电线槽、电缆架等与可移动的轿厢、钢绳等的距离，机房内应_____。

21. 电线管安装应用_____固定，固定点间距均匀，且应不大于_____，与电线槽连接处应用锁紧螺母锁紧，管口应装设护口，安装后应_____，其水平度和垂直度误差应达到机房内不大于_____，井道内不大于_____，全长垂直度不大于_____。暗敷时，保护层厚度应不小于_____。

22. 电线槽安装应安装牢固，每根电线槽固定点不应少于两点。

23. 金属软管安装应无机械损伤和松散，与箱、盒、设备连接处应使用专用接头，安装应平直，固定点均匀，间距应不大于_____，端头固定应牢固。

24. 电线管、电线槽均应可靠接地或接零，但_____不得作为保护线使用。

25. 导线（电缆）敷设时，_____和_____应隔离敷设，配线应绑扎整齐，并有清晰的接线编号。

26. 保护线端子和电压为_____及以上的端子应有明显的标记，接地保护线宜采用黄绿相间的绝缘导线，电线槽弯曲部分的导线、电缆受力处，应加绝缘衬垫。

27. 敷设于电线管内的导线总截面积不应超过电线管内截面积的_____。

28. 敷设于电线槽内的导线总截面积不应超过电线槽内截面积的_____。

29. 线槽配线时，应减少_____，中间接头宜采用_____，端子的规格应与导线匹配，压接可靠，绝缘处理良好。

30. 配线应留有_____，其长度应与箱、盒内最长的导线相同。

31. 接地和_____技术是保证电梯电气安全的有效措施之一。

32. 所有电气设备的金属外壳均应良好_____，从进机房起零线和接地线应始终分开，接地线的颜色为_____绝缘铜芯线，除 36V 以下安全电压外的电气设备金属外壳均应设易于识别的接地端，且应有良好的接地。

## 三、制订计划

根据机房内电气安装作业任务，合理做好人员分工，并实施好安装作业内容与步骤。

## 四、计划实施

步骤一：控制柜安装作业。

步骤二：电源配电箱安装作业。

步骤三：机房布线作业。

步骤四：敷设电缆作业。

步骤五：参照制订的小组作业计划，实施电梯机房内电气安装作业，并填写电梯机房内电气安装情况记录表，见表3-1。

表3-1 电梯机房内电气安装情况记录表

| 组长 | | 记录员 | | |
|---|---|---|---|---|
| 安监员 | | 展示员 | | |
| 实施内容 | | | | |
| 操作步骤 | | 完成情况 | | |
| 机房内电气安装 | 控制柜定位 | □完成 | | □未完成 |
| | 控制柜底座安装 | □完成 | | □未完成 |
| | 控制柜安装尺寸检查 | □完成 | | □未完成 |
| | 定位电源箱线槽位置并固定 | □完成 | | □未完成 |
| | 定位控制柜到曳引机线槽并固定 | □完成 | | □未完成 |
| | 定位其他线槽并固定 | □完成 | | □未完成 |
| | 安装线槽接地线 | □完成 | | □未完成 |
| | 敷设、连接线缆 | □完成 | | □未完成 |
| | 安装线槽盖 | □完成 | | □未完成 |
| | 安全文明操作 | □完成 | | □未完成 |

步骤六：填写电梯机房内电气安装质量检查记录表，见表3-2。

表3-2 电梯机房内电气安装质量检查记录表

| 作业人员 | | 施工编号 | |
|---|---|---|---|
| 项目名称 | | 施工时间 | |
| 质量检查操作步骤 | | 检查情况 | |
| 电梯供电电源线路敷设是否符合要求 | | □是 □否 | |
| 机房内配线是否符合要求 | | □是 □否 | |
| 控制柜距门窗安装尺寸是否符合要求 | | □是 □否<br>要求值：_____mm<br>实测值：_____mm | |
| 电梯动力线与控制线是否分离敷设 | | □是 □否 | |
| 进机房电源起，零线和接地线是否分开 | | □是 □否 | |
| 接地线的颜色是否为黄绿双色绝缘线 | | □是 □否 | |
| 导线管、导线槽的敷设是否平整、整齐、牢固 | | □是 □否 | |
| 线槽内导线总截面积是否符合要求 | | □是 □否<br>要求值：_____<br>实测值：_____ | |
| 线管内导线总截面积是否符合要求 | | □是 □否<br>要求值：_____<br>实测值：_____ | |

60

| 质量检查操作步骤 | 检查情况 |
|---|---|
| 软管固定间距是否符合要求 | □是　　□否<br>要求值：＿＿＿＿＿＿＿ mm<br>实测值：＿＿＿＿＿＿＿ mm |
| 端头固定间距是否符合要求 | □是　　□否<br>要求值：＿＿＿＿＿＿＿ mm<br>实测值：＿＿＿＿＿＿＿ mm |
| 出入导线管或导线槽的导线是否有专用护口 | □是　　□否 |
| 导线的两端是否有明显的接线编号或标记 | □是　　□否 |
| 电气设备及导线管、导线槽的可导电部分是否可靠接地 | □是　　□否 |
| 机房非带电金属部位是否涂防锈漆或镀锌 | □是　　□否 |
| 质检结论：是否符合标准 | □是　　□否 |

| 说明 | 填表时需按照实际测量数据填表 | | |
|---|---|---|---|
| 检查<br>意见 | 日期： | 作业小组 | |
| | | 组长 | |
| 复核 | | | |

## 五、质量检查

### 1. 自我评价（40分）

首先由学生根据学习任务完成情况进行自我评价，见表3-3。

表3-3　自我评价表

| 项目内容 | 配分 | 评 分 标 准 | 扣分 | 得分 |
|---|---|---|---|---|
| 1. 工作纪律 | 10 | 1. 不遵守工作纪律要求（扣2分/次）<br>2. 有其他违反工作纪律的行为（扣2分/次） | | |
| 2. 信息收集 | 20 | 1. 利用网络资源、工艺手册等查找有效信息（5分）<br>2. 未填写信息收集记录（扣2分/空，扣完为止） | | |
| 3. 制订计划 | 20 | 1. 人员分工有实效（5分）<br>2. 未按作业项目进行人员分工（扣2分/项，扣完为止） | | |
| 4. 计划实施 | 40 | 1. 按步骤实施作业项目（5分/项）<br>2. 按要求填写电梯机房内电气安装情况记录表（10分）<br>3. 按要求填写电梯机房内电气安装质量检查记录表（10分）<br>4. 表格错填、漏填（扣2分/空，扣完为止） | | |
| 5. 职业规范和环境保护 | 10 | 1. 在工作过程中工具和器材摆放凌乱（扣3分/次）<br>2. 不爱护设备、工具，不节省材料（扣3分/次）<br>3. 在工作完成后不清理现场，在工作中产生的废弃物不按规定处置（扣2分/次），将废弃物遗弃在工作现场的可扣3分/次） | | |
| | | 总评分＝（1～5项总分）×40% | | |

签名：＿＿＿＿＿＿　＿＿＿＿＿年＿＿月＿＿日

## 2. 小组评价（30分）

再由同一实训小组的同学结合自评的情况进行互评，将评分值记录于表 3-4 中。

### 表 3-4  小组评价表

| 项目内容 | 配分 | 评分 |
|---|---|---|
| 1. 工序记录与自我评价情况 | 10分 | |
| 2. 小组讨论中能积极发言 | 10分 | |
| 3. 小组完成机房电气安装作业 | 10分 | |
| 4. 小组成员认真进行机房电气安装作业 | 10分 | |
| 5. 较好地与小组成员沟通 | 10分 | |
| 6. 完成操作任务 | 10分 | |
| 7. 遵守工作纪律 | 10分 | |
| 8. 安全意识与规范意识 | 10分 | |
| 9. 相互帮助与协作能力 | 10分 | |
| 10. 安全、质量意识与责任心 | 10分 | |
| | 总评分 = （1～10项总分）×30% | |

**参加评价人员签名：_____  _____年____月____日**

## 3. 教师评价（30分）

最后，由指导教师检查本组作业结果，结合自评与互评的结果进行综合评价，对实训过程出现的问题提出改进措施及建议，并将评价意见与评分值记录于表 3-5 中。

### 表 3-5  教师评价表

| 序号 | 评价标准 | 评价结果 |
|---|---|---|
| 1 | 相关物品及资料交接齐全无误(5分) | |
| 2 | 安全、规范完成维护保养工作(5分) | |
| 3 | 机房内电气安装记录填写正确、无遗漏(5分) | |
| 4 | 团队分工明确、协作力强(5分) | |
| 5 | 机房内电气安装作业细致、无遗漏(5分) | |
| 6 | 完成后并在记录单签字(5分) | |
| 综合评价 | 教师评分 | |
| 综合评语<br>（作业问题及改进建议） | | |

**教师签名：_____  _____年____月____日**

| 六、评价反馈 | 总得分： | （总评分 = 自我评分 + 小组评分 + 教师评分） |
|---|---|---|

请根据自己在课堂中的实际表现进行自我反思和自我评价。

自我反思：_____
_____
_____。

自我评价：_____
_____
_____。

# 学习任务 3.2　井道内电气安装

| 学校 | | 专业 | |
|---|---|---|---|
| 姓名 | | 学号 | |
| 小组成员 | | 组长姓名 | |

## 一、接受工作任务

1. 工作任务

电梯安装施工工地现已完成电梯机械部分安装，现计划开展电梯井道内电气安装作业，请结合施工情况，安装小组根据电梯电气安装作业要求，实施井道内电气安装作业。

2. 井道内电气安装要点

1）井道布线应符合横平竖直要求，分支箱要求垂直、固定、牢靠。

2）布设随行电缆，将随行电缆的一端接入轿顶接线箱，用轿顶固定架固定，使之符合要求。

3）随行电缆敷设时应注意，随行电缆应当避免与限速器绳、选层器钢带、限位与极限开关等装置干涉。

4）安装行程开关应牢固，保证电梯触碰后有效。

5）安装行程距离应符合要求。

6）安装底坑检修盒应安装在爬梯侧，便于操作。

7）底坑照明照度应符合要求。

3. 井道内电气安装作业记录表

根据井道内电气安装作业内容，按随行电缆、端站开关、底坑急停等安装要求实施电气安装作业，安装后需核查井道内电气安装是否符合要求，同时填写井道内电气安装质量检查记录表。

4. 作业注意事项

1）学生以 3~6 人为一组。

2）实训开始前应做好个人着装准备、场地准备和工具准备。

3）进入施工现场前，应先做好安全检查。

4）认真实施井道内电气安装作业，不得遗漏。

5）团队作业应合理分配作业任务。

## 二、信息收集

1. 当随行电缆的安装设中线箱时，随行电缆架应安装在电梯正常提升高度的_____处，并在加高 1.5m 的井道壁上。

2. 随行电缆安装前，必须预先_____，消除_____，敷设长度应使轿厢缓冲器完全压缩后略有余量，但不得拖地。

3. 绑扎处应离开电缆架钢管_____，扁平随行电缆可重叠安装，重叠根数不宜超过 3 根，每两根间应保持_____的活动间距。

4. 随行电缆在运动中有可能与井道内其他部件刮碰时，必须采取防护措施。圆形随行电缆的芯数不宜超过_____芯。

5. 井道内的电缆敷设应_____，分支箱要求垂直、固定、牢靠，每隔 1m 用 U 型管卡固定。

6. 安装随行电缆架、挂随行电缆，在井道顶部附近井道壁上安装随行电缆架，将随行电缆的一端通过井道顶部电缆_____穿入机房控制柜。用井道顶部固定架固定随行电缆。

7. 随行电缆应当避免与_____绳、选层器钢带、_____等装置干涉，当轿厢压实在缓冲器上时，电缆不得与地面和轿厢底边框接触，在导轨支架折角处，绑扎钢丝，以防止随行电缆在运行过程中刮碰_____，造成随行电缆损坏。

8. 终端保护装置主要包括_____、_____和终端极限开关三个开关，分上、下两组。

9. 终端保护开关使用可_____的滚轮式行程开关。

10. 强迫减速开关是为防止电梯失控时造成冲顶或蹲底的_____防线。它由上、下_____开关组成，分别装在井道的顶部和底部。

11. 当电梯出现失控，轿厢已到达_____而不能减速停车时，装在轿厢上的打板就会随轿厢的运行而与_____的碰轮相接触，使开关内的触点发出指令信号，强迫电梯减速停驶。

12. 强迫减速开关的调节高度以轿厢在两端站刚进入_____的同时，切断_____快车控制电路为准。

13. 限位开关是为了防止电梯冲顶或蹲底的_____防线。

14. 限位开关由_____两个开关组成，分别装在强迫减速开关上、下方。

15. 当轿厢地坎超越上下端站地坎_____，而强迫减速开关又未能使电梯减速停车时，上限位开关或下限位开关动作，切断运行方向继电器电源。

16. 限位开关动作时电梯只能应答层楼_____召唤信号，并向相反方向运行。

17. 限位开关以电梯在两端停平时，刚好切断_____控制电路为准。

18. 极限开关一般用在交流电梯中，越过轿厢平层位置大于_____时起作用。

19. 当轿厢运行超过终端时，极限开关用于切断_____。

20. 极限开关必须在轿厢或对重未触及缓冲器_____动作，并在缓冲器被压缩期间保持动作状态。

21. 极限开关动作后，电梯应不能_____恢复运行。

22. _____是在平层区域内使轿厢达到平层精度要求的装置。

23. 隔磁板安装在电梯井道内_____的平层区域内，隔磁板安装时应固定牢固，防止松动，不得因电梯运行而产生碰撞、摩擦。

24. 井道照明设备是由底坑往上 0.5m 起至井道顶端安装的照明灯具，每两灯之间的间隔最大不应超过＿＿＿＿＿＿＿＿，井道顶部＿＿＿＿＿＿＿＿内应设一盏照明灯具。

25. 当井道随行电缆架设于井道中间位置时，在井道中应设置顶层分支箱、中间分支箱和底坑分支箱，底坑分支箱距离底坑地面尺寸不高于＿＿＿＿＿＿＿＿。

26. 底坑检修盒用＿＿＿＿＿＿＿＿固定在井壁上。

27. 底坑＿＿＿＿＿＿＿安装在爬梯侧，操作方便，在不影响电梯运行的位置安装底坑爬梯。

## 三、制订计划

根据电梯缓冲器安装作业任务，合理做好人员分工，并实施好安装内容与步骤。

## 四、计划实施

步骤一：井道布线作业。

步骤二：底坑布线作业。

步骤三：参照制订的小组作业计划，实施电梯井道内电气安装作业，并填写电梯井道内电气安装记录表，见表 3-6。

表 3-6　电梯井道内电气安装记录表

| 组长 | | 记录员 | |
|---|---|---|---|
| 安监员 | | 展示员 | |
| 实施内容 | | | |

| | 操作步骤 | 完成情况 | |
|---|---|---|---|
| 井道内电气安装 | 检查井道电气安装现场 | □完成 | □未完成 |
| | 定位安装随行电缆卡子 | □完成 | □未完成 |
| | 定位中间接线盒位置 | □完成 | □未完成 |
| | 安装和固定随行电缆 | □完成 | □未完成 |
| | 随行电缆长度的调节 | □完成 | □未完成 |
| | 安装井道线槽和接地线 | □完成 | □未完成 |
| | 敷设安装终端保护开关电路,安装开关元器件 | □完成 | □未完成 |
| | 底坑急停装置线路敷设及安装 | □完成 | □未完成 |
| | 井道照明电路敷设及安装 | □完成 | □未完成 |
| | 安装紧固线槽盖 | □完成 | □未完成 |
| 安全文明操作 | | □完成 | □未完成 |

步骤四：填写电梯井道内安装质量检查记录表，见表 3-7。

## 表 3-7　电梯井道内安装质量检查记录表

| 作业人员 | | 施工编号 | |
|---|---|---|---|
| 项目名称 | | 施工时间 | |

| 质量检查操作步骤 | 检查情况 |
|---|---|
| 随行电缆安装敷设是否符合要求 | □是　　　　□否 |
| 随行电缆是否与其他器件接触、交叉、碰撞 | □是　　　　□否 |
| 中间接线盒安装尺寸是否符合要求 | □是　　　　□否<br>要求值：_____ mm<br>实测值：_____ mm |
| 轿底电缆架的安装方向是否符合要求 | □是　　　　□否 |
| 电缆位于井道底部时与缓冲器的距离是否符合要求 | □是　　　　□否<br>要求值：_____ mm<br>实测值：_____ mm |
| 轿底电缆支架与井道随行电缆架的水平距离是否符合要求 | □是　　　　□否 |
| 强迫减速开关安装是否符合要求 | □是　　　　□否 |
| 限位开关安装位置是否符合要求 | □是　　　　□否<br>要求值：_____<br>实测值：_____ |
| 极限开关安装位置是否符合要求 | □是　　　　□否<br>要求值：_____<br>实测值：_____ |
| 隔磁板安装是否符合要求 | □是　　　　□否 |
| 隔磁板垂直度要求是否符合要求 | □是　　　　□否<br>要求值：_____<br>实测值：_____ |
| 隔磁板插入感应器尺寸是否符合要求 | □是　　　　□否<br>要求值：_____ mm<br>实测值：_____ mm |
| 井道照明电压是否符合要求 | □是　　　　□否 |
| 底坑急停装置安装是否符合要求 | □是　　　　□否 |

| 说明 | 填表时需按照实际测量数据填表 | | |
|---|---|---|---|
| 检查<br>意见 | 日期： | 作业小组 | |
| | | 组长 | |
| 复核 | | | |

## 五、质量检查

### 1. 自我评价（40分）

首先由学生根据学习任务完成情况进行自我评价，见表3-8。

表3-8　自我评价表

| 项目内容 | 配分 | 评分标准 | 扣分 | 得分 |
|---|---|---|---|---|
| 1. 工作纪律 | 10 | 1. 不遵守工作纪律要求(扣2分/次)<br>2. 有其他违反工作纪律的行为(扣2分/次) | | |
| 2. 信息收集 | 20 | 1. 利用网络资源、工艺手册等查找有效信息(5分)<br>2. 未填写信息收集记录(扣2分/空,扣完为止) | | |
| 3. 制订计划 | 20 | 1. 人员分工有实效(5分)<br>2. 未按作业项目进行人员分工(扣2分/项,扣完为止) | | |
| 4. 计划实施 | 40 | 1. 按步骤实施作业项目(5分/项)<br>2. 按要求填写电梯井道内电气安装记录表(10分)<br>3. 按要求填写电梯井道内安装质量检查记录表(10分)<br>4. 表格错填、漏填(扣2分/空,扣完为止) | | |
| 5. 职业规范和环境保护 | 10 | 1. 在工作过程中工具和器材摆放凌乱(扣3分/次)<br>2. 不爱护设备、工具,不节省材料(扣3分/次)<br>3. 在工作完成后不清理现场,在工作中产生的废弃物不按规定处置(扣2分/次,将废弃物遗弃在工作现场的可扣3分/次) | | |
| | | 总评分＝(1～5项总分)×40% | | |

签名：_____ _____年___月___日

### 2. 小组评价（30分）

再由同一实训小组的同学结合自评的情况进行互评，将评分值记录于表3-9中。

表3-9　小组评价表

| 项目内容 | 配分 | 评分 |
|---|---|---|
| 1. 工序记录与自我评价情况 | 10分 | |
| 2. 小组讨论中能积极发言 | 10分 | |
| 3. 小组完成井道电气部件安装作业 | 10分 | |
| 4. 小组成员认真进行井道电气部件安装作业 | 10分 | |
| 5. 较好地与小组成员沟通 | 10分 | |
| 6. 完成操作任务 | 10分 | |
| 7. 遵守工作纪律 | 10分 | |
| 8. 安全意识与规范意识 | 10分 | |
| 9. 相互帮助与协作能力 | 10分 | |
| 10. 安全、质量意识与责任心 | 10分 | |
| 总评分＝(1～10项总分)×30% | | |

参加评价人员签名：_____ _____年____月____日

### 3. 教师评价（30分）

最后，由指导教师检查本组作业结果，结合自评与互评的结果进行综合评价，对实训过程出现的问题提出改进措施及建议，并将评价意见与评分值记录于表3-10中。

表 3-10　教师评价表

| 序号 | 评价标准 | 评价结果 |
|---|---|---|
| 1 | 相关物品及资料交接齐全无误(5分) | |
| 2 | 安全、规范完成维护保养工作(5分) | |
| 3 | 井道内电气安装记录填写正确、无遗漏(5分) | |
| 4 | 团队分工明确、协作力强(5分) | |
| 5 | 井道内电气安装作业细致、无遗漏(5分) | |
| 6 | 完成并在记录单签字(5分) | |
| 综合评价 | 教师评分 | |
| 综合评语<br>(作业问题及改进建议) | | |

教师签名：_____　_____年____月____日

| 六、评价反馈 | 总得分： | （总评分＝自我评分＋小组评分＋教师评分） |
|---|---|---|

请根据自己在课堂中的实际表现进行自我反思和自我评价。

自我反思：_____

_____

_____。

自我评价：_____

_____

_____。

# 学习任务 3.3 轿厢与层站电气安装

| 学校 | | 专业 | |
|---|---|---|---|
| 姓名 | | 学号 | |
| 小组成员 | | 组长姓名 | |

## 一、接受工作任务

1. 工作任务

电梯安装施工工地现已完成电梯机械部分安装，现计划开展轿厢和层站电气安装作业，请结合施工情况，安装小组根据电梯电气安装作业要求，实施轿厢与层站的电气安装作业。

2. 轿厢与层站的电气安装要点

1）安装平层感应器时应保证横平竖直，各侧面应在同一垂直面上，垂直度误差符合要求。

2）安装呼梯盒应保证每一层站呼梯盒安装高度一致，高度偏差符合要求。

3）消防功能有效，安装位置合理。

4）轿内操纵盘安装符合要求。

3. 轿厢与层站的电气安装作业记录表

根据轿厢与层站的电气安装作业内容，按轿顶电气装置、轿内电气装置、轿底电气装置及层站电气装置等安装要求实施电气安装作业，安装后需核查轿厢与层站的电气安装是否符合要求，同时填写轿厢与层站的电气安装质量检查记录表。

4. 作业注意事项

1）学生以 3~6 人为一组。

2）实训开始前应做好个人着装准备、场地准备和工具准备。

3）进入施工现场前，应先做好安全检查。

4）认真实施轿厢与层站的电气安装作业，不得遗漏。

5）团队作业应合理分配作业任务。

## 二、信息收集

1. 轿厢与层站电气安装主要涉及电梯电气控制的信号输入，通过_____、触摸控制、磁卡控制等进行_____输入。

2. 轿厢电气装置可分为轿内、轿顶和_____三大部分，轿顶电气设备安装工作较为复杂。

3. 轿顶电气设备主要有_____、_____、平层感应器、到站钟以及各种安全开关。

4. 轿内电气装置包括_____、信号箱、层站显示装置、_____装置、关门保护装置。

5. 轿顶检修盒分为_____和_____两种，供电梯检修人员在轿顶进行短时操纵电梯慢速运行之用，其中_____检修盒常安装在轿厢架上梁便于操纵的位置。

6. _____检修盒在停止使用时应放入一特殊的安全箱体，以免损坏。

7. 如果轿内、机房也设有检修运行装置，应确保_____优先。

8. 照明设备、_____的作用是为乘客创造优雅舒适的环境。

9. 轿顶风扇一般使用_____，大多起换气作用。安装风扇时，要注意风扇方向，如果是直流风扇，要注意连接线的_____极。

10. 平层感应器由_____平层感应器，上、下_____感应器装在一副支架上组成。感应器有上行和下行之分。

11. 安装平层感应器时，先把感应器安装在_____的支架上，将其开口侧对着导轨上的隔磁板位置。

12. _____就是电梯到达目的层站时，发出音响的一种装置。到站钟用于提醒乘客注意上下梯，一般安装在轿厢_____。

13. 轿内电气装置包括_____、信号箱、_____装置、内部通话装置、关门保护装置。

14. 操纵箱是控制电梯_____、_____、起动、停层、急停等的控制装置。

15. _____安装工艺较简单，只要在轿厢相应位置装入箱体，将全部导线接好后盖上面板即可，安装时切勿损伤。

16. 安装时，将操纵箱箱体放入轿厢_____的操纵箱预留孔，利用两侧的螺栓将其固定在轿厢壁上。

17. 调整操纵箱距离轿壁面板_____后，将所有的固定螺栓紧固。

18. 安装面板时，应注意不要压迫到操纵箱内的_____。

19. 按面板固定方法相反的顺序，将面板往上侧_____，则圆柱铆钉从固定沟槽内_____，这时可将面板从操纵箱拆下。

20. 安装轿内操纵箱时，需要注意操纵箱内的_____必须固定好，不要影响轿门的打开。

21. 内部通话装置用于_____和机房、_____等之间的相互通话。

22. 对于中分式门，安全触板_____安装；对于旁开式门，安全触板_____安装，且装在快门上。

23. 安全触板动作的碰撞力不大于_____。

24. 超载装置的作用是对电梯轿厢的载重实行_____控制。

25. 一般在载重达到电梯额定载重的_____时，超载装置切断电梯控制电路，使电梯不能起动，实行强制性载重控制。

26. 电梯_____装置有多种形式，如机械式、电磁式等。

---

**三、制订计划**

根据电梯轿厢与层站电气安装作业任务，合理做好人员分工，并实施好安装内容与步骤。

步骤一：平层感应器、感应板安装作业。

步骤二：呼梯盒安装作业。

步骤三：消防功能安装检验作业。

步骤四：操纵盘安装作业。

步骤五：参照制订的小组作业计划，实施电梯轿厢与层站的电气安装作业，并填写电梯轿厢与层站的电气安装情况记录表，见表 3-11。

表 3-11　电梯轿厢与层站的电气安装情况记录表

| 组长 | | | 记录员 | | |
|---|---|---|---|---|---|
| 安监员 | | | 展示员 | | |
| 实施内容 | | | | | |
| 操作步骤 | | | 完成情况 | | |
| 轿厢与层站的电气安装 | 检查轿厢和层站安装作业现场 | | □完成 | | □未完成 |
| | 轿顶检修盒安装固定 | | □完成 | | □未完成 |
| | 轿顶检修盒线路连接 | | □完成 | | □未完成 |
| | 轿顶接线盒安装固定 | | □完成 | | □未完成 |
| | 轿顶接线盒线路连接 | | □完成 | | □未完成 |
| | 安装轿顶照明及风扇 | | □完成 | | □未完成 |
| | 安装平层感应器 | | □完成 | | □未完成 |
| | 轿内操纵箱安装、接线与调整 | | □完成 | | □未完成 |
| | 安装轿底承重装置 | | □完成 | | □未完成 |
| | 安装线路连接与检查 | | □完成 | | □未完成 |
| | 安全文明操作 | | □完成 | | □未完成 |

步骤六：填写电梯轿厢与层站的安装质量检查记录表，见表 3-12。

表 3-12　电梯轿厢与层站的安装质量检查记录表

| 作业人员 | | 施工编号 | |
|---|---|---|---|
| 项目名称 | | 施工时间 | |
| 质量检查操作步骤 | | 检查情况 | |
| 轿顶检修盒安装是否符合要求 | | □是 | □否 |
| 轿顶检修盒安装是否牢固、绝缘可靠、整齐美观 | | □是 | □否 |
| 轿顶照明及电源插座是否有短路保护 | | □是 | □否 |
| 轿顶接线盒安装是否符合要求 | | □是 | □否 |
| 轿顶接线盒安装是否牢固、绝缘可靠、整齐美观 | | □是 | □否 |
| 平层感应器安装是否功能正常并符合要求 | | □是 | □否 |
| 轿内操纵箱、导线管、线槽是否可靠接地 | | □是 | □否 |
| 轿内操纵箱安装布局是否横平竖直、整齐美观 | | □是 | □否 |
| 轿内操纵箱个开关按钮安装是否可靠 | | □是 | □否 |
| 轿底超载装置是否安装正常、功能有效 | | □是 | □否 |
| 层站召唤箱安装高度是否符合要求 | | □是　　　　　□否<br>要求值：＿＿＿＿＿＿＿ mm<br>实测值：＿＿＿＿＿＿＿ mm | |
| 消防装置安装高度是否符合要求 | | □是　　　　　□否<br>要求值：＿＿＿＿＿＿＿ mm<br>实测值：＿＿＿＿＿＿＿ mm | |
| 轿厢照明装置是否符合要求 | | □是 | □否 |
| 轿内风扇装置是否符合要求 | | □是 | □否 |
| 说明 | 填表时需按照实际测量数据填表 | | |
| 检查意见 | 日期： | 作业小组 | |
| | | 组长 | |
| 复核 | | | |

## 1. 自我评价（40分）

首先由学生根据学习任务完成情况进行自我评价，见表3-13。

表3-13　自我评价表

| 项目内容 | 配分 | 评分标准 | 扣分 | 得分 |
|---|---|---|---|---|
| 1. 工作纪律 | 10 | 1. 不遵守工作纪律要求（扣2分/次）<br>2. 有其他违反工作纪律的行为（扣2分/次） | | |
| 2. 信息收集 | 20 | 1. 利用网络资源、工艺手册等查找有效信息（5分）<br>2. 未填写信息收集记录（扣2分/空，扣完为止） | | |
| 3. 制订计划 | 20 | 1. 人员分工有实效（5分）<br>2. 未按作业项目进行人员分工（扣2分/项，扣完为止） | | |
| 4. 计划实施 | 40 | 1. 按步骤实施作业项目（5分/项）<br>2. 按要求填写电梯轿厢与层站的电气安装情况记录表（10分）<br>3. 按要求填写电梯轿厢与层站的安装质量检查记录表（10分）<br>4. 表格错填、漏填（扣2分/空，扣完为止） | | |
| 5. 职业规范和环境保护 | 10 | 1. 在工作过程中工具和器材摆放凌乱（扣3分/次）<br>2. 不爱护设备、工具，不节省材料（扣3分/次）<br>3. 在工作完成后不清理现场，在工作中产生的废弃物不按规定处置（扣2分/次，将废弃物遗弃在工作现场的可扣3分/次） | | |
| | | 总评分=（1~5项总分）×40% | | |

签名：_____　_____年___月___日

## 2. 小组评价（30分）

再由同一实训小组的同学结合自评的情况进行互评，将评分值记录于表3-14中。

表3-14　小组评价表

| 项目内容 | 配分 | 评分 |
|---|---|---|
| 1. 工序记录与自我评价情况 | 10分 | |
| 2. 小组讨论中能积极发言 | 10分 | |
| 3. 小组完成轿厢和层站电气部件安装作业 | 10分 | |
| 4. 小组成员认真进行轿厢和层站电气部件安装作业 | 10分 | |
| 5. 较好地与小组成员沟通 | 10分 | |
| 6. 完成操作任务 | 10分 | |
| 7. 遵守工作纪律 | 10分 | |
| 8. 安全意识与规范意识 | 10分 | |
| 9. 相互帮助与协作能力 | 10分 | |
| 10. 安全、质量意识与责任心 | 10分 | |
| 总评分=（1~10项总分）×30% | | |

参加评价人员签名：_____　_____年___月___日

3. 教师评价（30分）

最后，由指导教师检查本组作业结果，结合自评与互评的结果进行综合评价，对实训过程出现的问题提出改进措施及建议，并将评价意见与评分值记录于表 3-15 中。

表 3-15　教师评价表

| 序号 | 评价标准 | 评价结果 |
|---|---|---|
| 1 | 相关物品及资料交接齐全无误(5分) | |
| 2 | 安全、规范完成维护保养工作(5分) | |
| 3 | 轿厢与层站的电气安装记录填写正确、无遗漏(5分) | |
| 4 | 团队分工明确、协作力强(5分) | |
| 5 | 轿厢与层站的电气安装作业细致、无遗漏(5分) | |
| 6 | 完成并在记录单签字(5分) | |
| 综合评价 | 教师评分 | |
| 综合评语<br>(作业问题及改进建议) | | |

教师签名：_____　_____年____月____日

| 六、评价反馈 | 总得分： | （总评分＝自我评分+小组评分+教师评分） |
|---|---|---|

请根据自己在课堂中的实际表现进行自我反思和自我评价。

自我反思：_____

_____

_____。

自我评价：_____

_____

_____。

# 学习任务 4.1 电梯运行前检查与调整

| 学校 | | 专业 | |
|---|---|---|---|
| 姓名 | | 学号 | |
| 小组成员 | | 组长姓名 | |

## 一、接受工作任务

1. 工作任务

电梯安装施工工地现已完成电梯机械、电气部分安装，现计划开展电梯运行前检查与调整作业，请结合施工情况，安装小组根据电梯运行前检查与调整作业要求，实施电梯运行前检查与调整作业。

2. 电梯运行前检查与调整要点

1）机房内各安装设备运行前检查。

2）运行前的机械部件检查与调整。

3）通电前各安全开关装置检查。

4）慢车试运行过程中的电气检查、层站与门系统的间隙检查。

3. 电梯运行前检查与调整作业记录表

根据电梯运行前检查与调整作业内容，按机房内、井道内电梯运行前检查与调整要求，电梯运行前需核查电梯各机械部件、电气部件安装是否符合运行要求，同时填写电梯运行前检查与调整记录表。

4. 作业注意事项

1）学生以 3~6 人为一组。

2）实训开始前应做好个人着装准备、场地准备和工具准备。

3）进入施工现场前，应先做好安全检查。

4）认真实施电梯运行前检查与调整作业，不得遗漏。

5）团队作业应合理分配作业任务。

## 二、信息收集

1. 电梯在正常运行时，应不能打开_____或多扇层门中的任意一扇，除非轿厢在该层门的开锁区域内_____或停站，开锁区域不应大于层站地平面_____。

2. 开锁区域可增加到不大于层站地平面上下的_____。

3. 如果一个层门或多扇层门中的任何一扇门开着，应不能_____电梯运行。

4. 层门的上门框与轿厢地面之间的净高度在任何位置时均不得小于_____，在开锁区域内，必须保证层门不经专门操作而完全闭合。

5. 轿厢应在锁紧元件啮合不小于_____时才能启动。

6. 每个层门均应能从外面借助于一个规定的开锁_____相配的钥匙将门开启。

7. 在轿门驱动层门的情况下，轿厢在开锁区域之外时，层门开启后，应确保该_____能自动关闭。

8. 电梯必须设有_____，在出现动力电源失电、控制电路电源失电情况时能自动动作。

9. 当轿厢载有_____额定载荷并以额定速度向下运行时，制动器应能使曳引机停止运转。

10. 当电源为额定频率，电动机施以额定电压时，电梯轿厢在半载、向下运行至行程中段时的速度，不得大于额定速度的_____，不小于额定速度的_____。

11. 平层、再平层、检修运行、紧急电动运行、对接运行的速度不得大于额定速度的_____。

12. 电气接线检查是机房接地端与易于意外带电的不同电梯部件间的电气_____检查。

13. 不同电路绝缘电阻的测量方法不同，应测量每个通电导体与_____之间的绝缘电阻，测试时，所有电子元件的连接均应断开。

14. _____应设置在尽可能接近端站，并且无误动作危险的位置上。

15. 极限开关的动作应直接利用处于井道的顶部和底部的轿厢或利用一个与_____连接的装置。

16. 极限开关应能切断_____，通过电气安全装置切断两个接触器线圈直接供电的电路，在最短时间内使电梯_____停止运转。

17. 曳引钢丝绳应在轿厢装载至_____规定额定载荷的情况下保持平层状态不打滑。

18. 操纵轿厢安全钳的限速器应在速度至少等于额定速度的_____时动作。

19. 限速器电气检查，在轿厢上行或下行的速度达到限速器_____之前，限速器或其他装置上的电气安全装置使电梯驱动主机停止运转。

20. 底坑中应有足够的空间，该空间的大小以能容纳一个不小于_____的长方体为准。

21. 蓄能型缓冲器试验应以载有额定载重量的轿厢压在_____上，同时检查压缩情况是否符合缓冲器要求。

22. 为使乘客能向轿厢外求援，轿厢内应装设乘客易于识别和触及的_____装置。

23. 确定机房配电箱、控制柜拥有良好的_____装置。

24. 机房内拥有足够照明，并有电源插座、通风降温设备，门口应有"_____"的警示标志。

25. 制动闸瓦与制动轮间隙调整：制动器制动后要求制动闸瓦与制动轮可靠接触松闸后，制动闸瓦与制动轮完全脱离无摩擦、无异常声音且间隙均匀，最大间隙不超过_____。

26. 轿厢运行前，应将轿门有效地锁紧在关门位置上，层门_____应可靠闭合。

27. 层门、轿门的电气联锁应动作灵活可靠，_____、断绳保护开关、限位开关、极限开关动作准确、安全、可靠，检查各_____应有效。

28. 要确保限速器与安全钳_____动作可靠，确保各层的层门和轿门_____好，确保非电梯安装人员_____将层门打开。

29. 对机房、井道、底坑进行清洁，在轿厢和对重导轨上的油杯中加入_____。

30. 按动检修盒上的慢下按钮，电梯应以_____慢下。

31. 检查开门刀与各层门地坎_____，检查各层门锁轮与_____间隙，轿厢最外端与_____间隙。

32. 补偿链距底坑地面距离要求在_____以上，补偿链不允许与其他部件相碰撞。

33. 使电梯处在检修状态，在轿顶操纵箱上按开门或关门按钮，门电动机应转动，且方向应与开关方向一致，开门时间一般调整在_____左右，关门时间一般调整在_____左右，光幕功能应可靠。

## 三、制订计划

根据电梯运行前的检查与调整作业任务，合理做好人员分工，并实施好检查与调整作业内容和步骤。

## 四、计划实施

步骤一：检修前准备工作。

步骤二：检修运行检查作业。

步骤三：参照制订的小组作业计划，实施电梯运行前检查与调整作业，并填写电梯运行前检查与调整情况记录表，见表4-1。

表 4-1 电梯运行前检查与调整情况记录表

| 组长 | | 记录员 | | |
|---|---|---|---|---|
| 安监员 | | 展示员 | | |
| 实施内容 | | | | |
| | 操作步骤 | | 完成情况 | |
| 电梯运行前的检查与调整 | 门锁装置检查 | | □完成 | □未完成 |
| | 电气安全装置检查 | | □完成 | □未完成 |
| | 制动系统检查 | | □完成 | □未完成 |
| | 电气接线检查 | | □完成 | □未完成 |
| | 极限开关检查 | | □完成 | □未完成 |
| | 曳引检查 | | □完成 | □未完成 |
| | 限速器检查 | | □完成 | □未完成 |
| | 轿厢安全钳检查 | | □完成 | □未完成 |
| | 缓冲器检查 | | □完成 | □未完成 |
| | 报警装置检查 | | □完成 | □未完成 |
| | 检修运行前机房内、机械部件、安全开关及清洁和润滑检查 | | □完成 | □未完成 |
| | 慢车试运行的电气检查 | | □完成 | □未完成 |
| | 慢车试运行的各运行间隙检查 | | □完成 | □未完成 |
| | 安全文明操作 | | □完成 | □未完成 |

步骤四：填写电梯运行前检查与调整质量检查记录表，见表4-2。

**表 4-2 电梯运行前检查与调整质量检查记录表**

| 作业人员 | | 施工编号 | |
|---|---|---|---|
| 项目名称 | | 施工时间 | |

| 质量检查操作步骤 | 检查情况 |
|---|---|
| 门锁装置检查是否符合要求 | □是 □否<br>要求值:＿＿＿＿＿mm<br>实测值:＿＿＿＿＿mm |
| 电气安全装置检查是否符合要求 | □是 □否 |
| 制动系统检查是否符合要求 | □是 □否<br>要求值:＿＿＿＿＿mm<br>实测值:＿＿＿＿＿mm |
| 电气接线检查是否符合要求 | □是 □否 |
| 极限开关检查是否符合要求 | □是 □否 |
| 曳引检查是否符合要求 | □是 □否 |
| 限速器检查是否符合要求 | □是 □否 |
| 轿厢安全钳检查是否符合要求 | □是 □否 |
| 缓冲器检查是否符合要求 | □是 □否 |
| 报警装置检查是否符合要求 | □是 □否 |
| 机械部件、安全开关及清洁和润滑检查是否符合要求 | □是 □否 |
| 慢车试运行的电气检查是否符合要求 | □是 □否 |
| 慢车试运行的各运行间隙检查是否符合要求 | □是 □否 |
| 说明 | 填表时需按照实际测量数据填表 |

| 检查<br>意见 | | 作业小组 | |
|---|---|---|---|
| | 日期: | 组长 | |
| 复核 | | | |

## 五、质量检查

### 1. 自我评价(40分)

首先由学生根据学习任务完成情况进行自我评价,见表 4-3。

**表 4-3 自我评价表**

| 项目内容 | 配分 | 评分标准 | 扣分 | 得分 |
|---|---|---|---|---|
| 1. 工作纪律 | 10 | 1. 不遵守工作纪律要求(扣2分/次)<br>2. 有其他违反工作纪律的行为(扣2分/次) | | |
| 2. 信息收集 | 20 | 1. 利用网络资源、工艺手册等查找有效信息(5分)<br>2. 未填写信息收集记录(扣2分/空,扣完为止) | | |
| 3. 制订计划 | 20 | 1. 人员分工有实效(5分)<br>2. 未按作业项目进行人员分工(扣2分/项,扣完为止) | | |
| 4. 计划实施 | 40 | 1. 按步骤实施作业项目(5分/项)<br>2. 按要求填写电梯运行前检查与调整情况记录表(10分)<br>3. 按要求填写电梯运行前检查与调整质量检查记录表(10分)<br>4. 表格错填、漏填(扣2分/空,扣完为止) | | |
| 5. 职业规范和<br>环境保护 | 10 | 1. 在工作过程中工具和器材摆放凌乱(扣3分/次)<br>2. 不爱护设备、工具,不节省材料(扣3分/次)<br>3. 在工作完成后不清理现场,在工作中产生的废弃物不按规定处置(扣2分/次,将废弃物遗弃在工作现场的可扣3分/次) | | |
| | | 总评分 =(1~5项总分)×40% | | |

教师签名:＿＿＿＿＿ ＿＿＿＿＿年＿＿月＿＿日

## 2. 小组评价（30分）

再由同一实训小组的同学结合自评的情况进行互评，将评分值记录于表4-4中。

表4-4　小组评价表

| 项目内容 | 配分 | 评分 |
|---|---|---|
| 1. 工序记录与自我评价情况 | 10分 | |
| 2. 小组讨论中能积极发言 | 10分 | |
| 3. 小组完成电梯运行前检查作业 | 10分 | |
| 4. 小组成员认真进行电梯运行前检查作业 | 10分 | |
| 5. 较好地与小组成员沟通 | 10分 | |
| 6. 完成操作任务 | 10分 | |
| 7. 遵守工作纪律 | 10分 | |
| 8. 安全意识与规范意识 | 10分 | |
| 9. 相互帮助与协作能力 | 10分 | |
| 10. 安全、质量意识与责任心 | 10分 | |
| | 总评分＝（1~5项总分）×40% | |

参加评价人员签名：_____　_____年_____月_____日

## 3. 教师评价（30分）

最后，由指导教师检查本组作业结果，结合自评与互评的结果进行综合评价，对实训过程出现的问题提出改进措施及建议，并将评价意见与评分值记录于表4-5中。

表4-5　教师评价表

| 序号 | 评价标准 | 评价结果 |
|---|---|---|
| 1 | 相关物品及资料交接齐全无误（5分） | |
| 2 | 安全、规范完成维护保养工作（5分） | |
| 3 | 电梯运行前检查与调整记录填写正确、无遗漏（5分） | |
| 4 | 团队分工明确、协作力强（5分） | |
| 5 | 电梯运行前检查与调整作业细致、无遗漏（5分） | |
| 6 | 完成后并在记录单签字（5分） | |
| 综合评价 | 教师评分 | |
| 综合评语<br>（作业问题及改进建议） | | |

教师签名：_____　_____年___月___日

| 六、评价反馈 | 总得分： | （总分分＝自我评分＋小组评分＋教师评分） |
|---|---|---|

请根据自己在课堂中的实际表现进行自我反思和自我评价。

自我反思：_____
_____
_____。

自我评价：_____
_____
_____。

# 学习任务 4.2 电梯运行检查与调整

| 学校 | | 专业 | |
|---|---|---|---|
| 姓名 | | 学号 | |
| 小组成员 | | 组长姓名 | |

## 一、接受工作任务

1. 工作任务

电梯安装施工工地现已完成电梯机械、电气部分安装，现计划开展电梯运行检查与调整作业，请结合施工情况，安装小组根据电梯运行检查与调整作业要求，实施电梯运行检查与调整作业。

2. 电梯运行检查与调整要点

1）机房检修运行前确认事项。

2）井道自学习前必须具备的条件。

3）电梯舒适度调整。

4）平层精度检查与调整。

3. 电梯运行检查与调整作业记录表

根据电梯运行检查与调整作业内容，按机房检修运行前确认事项、井道自学习前的必备条件、电梯舒适度调整及平层精度的检查与调整要求实施作业内容，同时填写电梯运行检查与调整质量检查记录表。

4. 作业注意事项

1）学生以 3~6 人为一组。

2）实训开始前应做好个人着装准备、场地准备和工具准备。

3）进入施工现场前，应先做好安全检查。

4）认真实施电梯运行检查与调整作业，不得遗漏。

5）团队作业应合理分配作业任务。

## 二、信息收集

1. 在轿厢空载、＿＿＿＿＿＿＿＿向下运行条件下，拉动轿厢上的安全钳＿＿＿＿＿＿＿＿，安全钳的＿＿＿＿＿＿＿＿应同时接触导轨工作面，当限速器钢丝绳动作时，应先切断＿＿＿＿＿＿＿＿随后制动轿厢。

2. 井道自学习运行是指电梯以＿＿＿＿＿＿＿＿速度运行并记录各楼层的位置和井道中各个开关的位置。在快车运行之前，必须首先进行＿＿＿＿＿＿＿＿运行。

3. 确认电梯符合＿＿＿＿＿＿＿＿条件，手动运行电梯先单层后多层，上下往返数次如无问题，试车人员可以进入轿厢进行实际操作。

4. 先开慢车逐层＿＿＿＿＿＿＿＿，在轿厢顶检查井道内安装部件有无相互＿＿＿＿＿＿＿＿现象。

5. 轿门、层门地坎的间隙各层均须满足_____。

6. 门刀与_____、层门门锁滚轮与_____间隙各层须一致。

7. 在慢速试运行过程中，可利用轿厢的上下运行来安装井道内其他_____零件。

8. 试车中对电梯的_____、_____、_____进行测试、调整，使之全部正常。

9. _____、加速、_____、制动、_____、外呼按钮、指令按钮均起作用，同时试车人员在机房内对曳引装置、_____等进行进一步检查，各项规定试测_____，电梯各性能_____，则电梯快速试验即完成。

10. 快速上下运行至各层记录平层_____，使平层偏差在规定范围内。综合分析调整隔磁板，使轿厢在_____达到平层位置。

11. 轿厢内加_____的额定负载，轿底满载开关动作；轿厢在最底层平层位置，轿厢内加110%的额定负载，轿底_____动作，操纵盘上灯亮、蜂鸣器响且门不关。

12. 当电梯轿厢的重量与对重侧的重量基本相等时，在对重侧多加的重量与轿厢额定载重量的比，称为_____。

13. 以1t的客梯为例，在轿厢内放置450kg标准重量，使电梯轿厢与对重装置在同一水平位置上，将电梯处于_____，用机械扳手松闸，其他电路不通电，然后用盘车手轮，使轿厢向上和向下分别移动_____左右，可重复盘动几次，凭手感判断轿厢与对重装置两边的重量是否相等，若不相等，必须调整对重的重量，直至两边的_____相等。

14. 轿厢空载上行在各层停止时，把轿门_____调至略高出层门地坎，满载上行在各层停止时，把轿门地坎调至略_____层门地坎，使两者数值相近似。同理，空载轿厢下行及满载下行所高出及低于层楼面的数值亦应相近似。

15. 调整检查曳引钢丝绳的_____，各钢丝绳张力应基本_____，在运行中无抖动现象。

16. 检查电气绝缘电阻是否合格和各处_____是否可靠。

17. 电动机、控制柜、选层器和其他电器的绝缘电阻对地不得小于_____，接地电阻在任一点处应不大于_____。

18. 电梯运行试验分为三种形式，即_____试验、半载试验和_____试验。

19. 在通电持续率为_____的情况下，每一种运行试验时间应不少于2h。观察电梯在起动、运行和停车时有无剧烈_____，制动器是否动作可靠，电梯信号及各种程序控制是否良好。

20. 要求制动器吸合线圈温升不应超过_____，曳引机减速器油的温升也不应超过60℃，且油温最高不超过_____。

21. 所谓静载试验，就是将轿厢置于基站，切断电源，施加规定载荷试验。施加到额定载荷的_____。静载试验持续时间_____，观察各承载构件有无损坏现象，曳引绳有无滑移_____现象，_____刹车制动是否可靠。

22. 使轿厢承载额定载重量的_____，在通电持续率40%的情况下，往返运行0.5h，观察电梯起动、_____是否安全可靠，曳引机是否工作正常，平层误差是否在允许范围之内。

## 三、制订计划

根据电梯运行检查与调整作业任务，合理做好人员分工，并实施好检查与调整内容与步骤。

## 四、计划实施

步骤一：井道自学习。
步骤二：快车试运行检查作业。
步骤三：测试快车电气装置作业。
步骤四：平层的调整作业。
步骤五：安装底坑安全装置作业。
步骤六：参照制订的小组作业计划，实施电梯运行检查与调整作业，并填写电梯运行检查与调整情况记录表，见表4-6。

表 4-6　电梯运行检查与调整情况记录表

| 组长 | | 记录员 | |
|---|---|---|---|
| 安监员 | | 展示员 | |

| 实施内容 | | | |
|---|---|---|---|
| 操作步骤 | | 完成情况 | |
| 电梯运行检查与调整 | 试运行调整的检查和清理工作 | □完成 | □未完成 |
| | 检查各润滑处 | □完成 | □未完成 |
| | 电气控制系统的检查 | □完成 | □未完成 |
| | 安全钳的联动与间隙调试 | □完成 | □未完成 |
| | 通电运行调整 | □完成 | □未完成 |
| | 井道自学习 | □完成 | □未完成 |
| | 慢车运行检查 | □完成 | □未完成 |
| | 快车运行前电气装置测试 | □完成 | □未完成 |
| | 平层的检查与调整 | □完成 | □未完成 |
| | 快车运行调试 | □完成 | □未完成 |
| | 电气装置电阻测量 | □完成 | □未完成 |
| | 静载测试 | □完成 | □未完成 |
| | 超负荷运行测试 | □完成 | □未完成 |
| 安全文明操作 | | □完成 | □未完成 |

步骤七：填写电梯运行检查与调整质量检查记录表，见表 4-7。

**表 4-7 电梯运行检查与调整质量检查记录表**

| 作业人员 | | 施工编号 | | |
|---|---|---|---|---|
| 项目名称 | | 施工时间 | | |
| 质量检查操作步骤 | | 检查情况 | | |
| 试运行调整的检查和清理是否符合要求 | | □是 | | □否 |
| 检查各润滑处是否符合要求 | | □是 | | □否 |
| 电气控制系统的检查是否符合要求 | | □是 | | □否 |
| 安全钳的联动与间隙调试是否符合要求 | | □是　　　　　　　　□否<br>要求值：_____ mm<br>实测值：_____ mm | | |
| 通电运行调整是否符合要求 | | □是 | | □否 |
| 井道自学习是否符合要求 | | □是 | | □否 |
| 慢车运行检查是否符合要求 | | □是 | | □否 |
| 快车运行前电气装置测试是否符合要求 | | □是 | | □否 |
| 平层的检查与调整是否符合要求 | | □是　　　　　　　　□否<br>要求值：_____ mm<br>实测值：_____ mm | | |
| 快车运行调试是否符合要求 | | □是 | | □否 |
| 电气装置电阻测量是否符合要求 | | □是　　　　　　　　□否<br>要求值：_____<br>实测值：_____ | | |
| 静载测试是否符合要求 | | □是 | | □否 |
| 超负荷运行测试是否符合要求 | | □是 | | □否 |
| 说明 | 填表时需按照实际测量数据填表 | | | |
| 检查<br>意见 | 日期： | 作业小组 | | |
| | | 组长 | | |
| 复核 | | | | |

## 五、质量检查

### 1. 自我评价（40 分）

首先由学生根据学习任务完成情况进行自我评价，见表 4-8。

**表 4-8 自我评价表**

| 项目内容 | 配分 | 评 分 标 准 | 扣分 | 得分 |
|---|---|---|---|---|
| 1. 工作纪律 | 10 | 1. 不遵守工作纪律要求(扣 2 分/次)<br>2. 有其他违反工作纪律的行为(扣 2 分/次) | | |
| 2. 信息收集 | 20 | 1. 利用网络资源、工艺手册等查找有效信息(5 分)<br>2. 未填写信息收集记录(扣 2 分/空,扣完为止) | | |
| 3. 制订计划 | 20 | 1. 人员分工有实效(5 分)<br>2. 未按作业项目进行人员分工(扣 2 分/项,扣完为止) | | |
| 4. 计划实施 | 40 | 1. 按步骤实施作业项目(5 分/项)<br>2. 按要求填写电梯运行检查与调整情况记录表(10 分)<br>3. 按要求填写电梯运行检测与调整质量检查记录表(10 分)<br>4. 表格错填、漏填(扣 2 分/空,扣完为止) | | |
| 5. 职业规范<br>和环境保护 | 10 | 1. 在工作过程中工具和器材摆放凌乱(扣 3 分/次)<br>2. 不爱护设备、工具,不节省材料(扣 3 分/次)<br>3. 在工作完成后不清理现场,在工作中产生的废弃物不按规定处置(扣 2 分/次,将废弃物遗弃在工作现场的可扣 3 分/次) | | |
| | | 总评分＝(1~5 项总分)×40% | | |

签名：_____　_____年____月____日

## 2. 小组评价（30分）

再由同一实训小组的同学结合自评的情况进行互评，将评分值记录于表4-9中。

表4-9　小组评价表

| 项目内容 | 配分 | 评分 |
|---|---|---|
| 1. 工序记录与自我评价情况 | 10分 | |
| 2. 小组讨论中能积极发言 | 10分 | |
| 3. 小组完成电梯试运行检查作业 | 10分 | |
| 4. 小组成员认真进行电梯试运行检查作业 | 10分 | |
| 5. 较好地与小组成员沟通 | 10分 | |
| 6. 完成操作任务 | 10分 | |
| 7. 遵守工作纪律 | 10分 | |
| 8. 安全意识与规范意识 | 10分 | |
| 9. 相互帮助与协作能力 | 10分 | |
| 10. 安全、质量意识与责任心 | 10分 | |
| | 总评分＝（1～10项总分）×30% | |

**参加评价人员签名：**＿＿＿＿＿＿＿＿＿＿＿＿＿＿＿＿＿＿＿　＿＿＿＿＿年＿＿＿＿月＿＿＿＿日

## 3. 教师评价（30分）

最后，由指导教师检查本组作业结果，结合自评与互评的结果进行综合评价，对实训过程出现的问题提出改进措施及建议，并将评价意见与评分值记录于表4-10中。

表4-10　教师评价表

| 序号 | 评价标准 | 评价结果 |
|---|---|---|
| 1 | 相关物品及资料交接齐全无误（5分） | |
| 2 | 安全、规范完成维护保养工作（5分） | |
| 3 | 电梯运行检查与调整记录填写正确、无遗漏（5分） | |
| 4 | 团队分工明确、协作力强（5分） | |
| 5 | 电梯运行检查与调整作业细致、无遗漏（5分） | |
| 6 | 完成后并在记录单签字（5分） | |
| 综合评价 | 教师评分 | |
| 综合评语<br>（作业问题及改进建议） | | |

**教师签名：**＿＿＿＿＿＿＿　＿＿＿＿＿＿＿年＿＿＿月＿＿＿日

| 六、评价反馈 | **总得分：** （总评分＝自我评分＋小组评分＋教师评分） |
|---|---|

请根据自己在课堂中的实际表现进行自我反思和自我评价。

自我反思：＿＿＿＿＿＿＿＿＿＿＿＿＿＿＿＿＿＿＿＿＿＿＿＿＿＿＿＿＿＿＿＿＿

＿＿＿＿＿＿＿＿＿＿＿＿＿＿＿＿＿＿＿＿＿＿＿＿＿＿＿＿＿＿＿＿＿＿＿＿＿＿＿

＿＿＿＿＿＿＿＿＿＿＿＿＿＿＿＿＿＿＿＿＿＿＿＿＿＿＿＿＿＿＿＿＿＿＿＿＿＿。

自我评价：＿＿＿＿＿＿＿＿＿＿＿＿＿＿＿＿＿＿＿＿＿＿＿＿＿＿＿＿＿＿＿＿＿

＿＿＿＿＿＿＿＿＿＿＿＿＿＿＿＿＿＿＿＿＿＿＿＿＿＿＿＿＿＿＿＿＿＿＿＿＿＿＿

＿＿＿＿＿＿＿＿＿＿＿＿＿＿＿＿＿＿＿＿＿＿＿＿＿＿＿＿＿＿＿＿＿＿＿＿＿＿。